山东建筑大学博士基金支持课题

U0347650

冬季 微生态景观设计与应用

The Research on Theory & Application of Winter Micro-ecological Landscape Design

于洪涛 著

中国水利水电出版社
www.waterpub.com.cn

·北京·

内 容 提 要

本书以实现"冬令春景"景观的技术实证研究为切入点，以生态理念为指导，结合生态哲学、生态美学、气候学、生态环境学、土壤学、能源学等理论和技术依据，运用系统方法，分别从理论基础、实践基础、方法基础以及基本原则、特征、运作程序与管理等方面进行了系统的理论和应用体系构建，从而形成改善冬季景观视觉面貌和景观环境微气候、实现景观系统能量自循环的冬季微生态景观设计系统。

全书共7章，主要内容包括：冬季微生态景观设计研究的缘起，冬季微生态景观设计的理论与实践基础，冬季微生态景观的能量来源及利用方式，冬季微生态景观草坪常绿技术分析与实验，冬季微生态景观水体液态化技术分析与实验，冬季微生态景观设计应用体系的构建，结论与展望。

本书可作为景观设计、环境设计等领域的科研人员、设计人员参考使用，也可供高等院校景观设计、环境设计等相关专业的本科、研究生参考阅读。

图书在版编目（CIP）数据

冬季微生态景观设计与应用 / 于洪涛著. -- 北京：
中国水利水电出版社，2017.11
ISBN 978-7-5170-6078-9

Ⅰ．①冬… Ⅱ．①于… Ⅲ．①景观设计 Ⅳ.
①TU983

中国版本图书馆CIP数据核字（2017）第293025号

书　　名	**冬季微生态景观设计与应用** DONGJI WEISHENGTAI JINGGUAN SHEJI YU YINGYONG	
作　　者	于洪涛 著	
出版发行	中国水利水电出版社	
	（北京市海淀区玉渊潭南路1号D座　100038）	
	网址：www.waterpub.com.cn	
	E-mail：sales@waterpub.com.cn	
	电话：（010）68367658（营销中心）	
经　　售	北京科水图书销售中心（零售）	
	电话：（010）88383994、63202643、68545874	
	全国各地新华书店和相关出版物销售网点	
排　　版	北京嘉泰利德科技发展有限公司	
印　　刷	北京市密东印刷有限公司	
规　　格	170mm×240mm　16开本　12.25印张　182千字	
版　　次	2017年11月第1版　2017年11月第1次印刷	
定　　价	50.00元	

序

　　人类如何生存于这个地球，是当下人们不断陷入沉思与反思的问题。近期，我国对"设计"旨义提出经济、生态、宏观的方向，特别强化并明确了"生态"的内容。如何将生态、低碳、可持续的设计理念有效地渗入到不同门类的设计实践当中，这是历史发展与未来协作不可缺失的重要命题。

　　设计是科学的艺术，以往，设计活动过多地注重"外在"形式，而忽视了对与之相关的更大的系统问题——人与自然、人与社会等可持续、生态循环等问题的分析和研究，所以导致设计本质意义上的不完善、缺失或偏颇。设计在服从于人与自然协调关系的同时，科学与艺术是支撑设计平衡的两翼。设计师如何以高度的社会责任感以及对人类生存空间的忧患意识，重新"设计"这一命题，可谓当下最为严峻的课题……

　　因为享受了老舍笔下"响晴的天，和煦的太阳，周边的小山，特别是那护城河里袅袅的水雾，摇曳的水草"（《济南的冬天》）的生活，于洪涛怀有一个关于北方城市景观的冬季里仍有小桥流水，草木青青，塞北似江南的设计之梦。但在北方城市，冬季景观的状况令人堪忧，此时人造水景和植被都失去了活力，人们户外生活的舒适度也大大降低。设置人造景观本来是为了愉悦人的，但在冬季，它们却失去了基本的价值，如何使其复苏并重现活力，进而对景观系统的微生态环境产生积极的影响，构建一套全新的、与环境友好并具有能动性的设计系统，是本书所要探讨的。

以广义设计学、技术适应性理论为指导，结合绿色能源科学应用技术体系，赋予冬季景观以活力，则是于洪涛孜孜不倦探索的领域。2012年和2013年的冬天，于洪涛开始了草坪复绿和水体不结冰实验，他收集了大量的数据，总结了丰富的实践经验，实验成功，还获得了两项国家专利。技术与艺术的结合，诞生新的璀璨。冬季微生态景观设计系统有了理论与技术支撑。

于洪涛博士的论著——《冬令春景——微生态景观设计理论与应用研究》，以生态理论为指导，以低技术为手段，把北方地区热能源流失过程中的再利用与景观设计有机结合，课题颇有新意。作为他阶段性的研究成果——《冬季微生态景观设计与应用》的出版为生态设计、建筑环境设计、景观再造等学科领域的研究工作开启了一条崭新的路径。

重新回归对设计"创造性"本质的研究，跨界、整合、交叉、对话，把已经碎片化的设计知识广义化，是当下设计突围的一个重要途径，在这方面，于洪涛作出了有益的探索。

泰戈尔说："我们在热爱世界时，便生活在这世界上。"以微生态环境改造为目的的设计系统将会对当下的中国城市发展产生新的价值。

2017年5月20日于北洋园

前　言

对于冬季北方城市的景观而言，自然景观和人工景观呈现出几乎相同的景象：草坪一片枯黄；阔叶树木的树叶基本掉净，仅剩的几片枯叶孤立地挂在光秃秃的枝头上在寒风中摇曳；不论是湖泊还是河流，水面因寒冷而一片冰封，光滑的冰面反射着寒阳投来的光线，愈发显现出冬天的凛凛寒意。尽管冬季给人们带来了与春、夏、秋三季完全不同的景观感受，冰天雪地一片苍茫，滑雪、滑冰、打雪仗成为冬季特有的娱乐项目，但同时也带来了因道路结冰导致交通事故、雾霾天气使老年人与儿童更容易罹患呼吸系统疾病等不利后果。

南北地区的温度差异是造成南北方景观差异的主要原因。我国南方与北方的划分一般以秦岭－淮河一线为界，这是因为冬季1月该界线以北地区的气温一般在0℃以下，而该界线以南地区一般在0℃以上。冬季北方大部分地区，寒冷干燥，一片"千里冰封、草木凋零"的景象。各种人工景观也基本处于半休眠状态：草木枯黄、水面冰封、设施闲置，这样的景观效果难与景观设计的目标相符。

同时，历时长达3~4个月的单调的大地景观令人们的精神感到压抑沉闷。于是，自古以来，人们都憧憬着能够获得"塞北江南"式的景观：既可以满足人们冬季渴望暖意的精神需求，又能够起到防风固沙、改善空气质量等生态效应。然而，在自然条件的限制下这种景观效果往往是可遇而不可求的。

由此可见，在北方城市的景观设计中，人们对于长期以来司空见惯的景象采取了认同和忍耐的方式。从某种角度来说，被动地接受自然的赋予，可以看作是来自自然主义思想的影响。然而，随着人们对城市生存环境质量要求的不断提高，如果能够运用生态主义理念和技术支持，在与人类生活工作密切联系的局部或区域景观空间，营造出能够改善生活质量和空气质量的"小尺度"景观环境，能够在北方城市冬季的一片肃杀中，营造赋予人们精神慰藉的局部景观空间，成为本书的切入点。

1. 本书的研究目的和意义

（1）为冬季北方城市的区域景观设计提供了系统性的解决思路。基于运用物理热力学的研究成果，秉持生态技术、低技术理念的原则要求，尝试性地对北方城市冬季草坪常绿、水体液态化进行了实验，以解决现实问题为先导，以综合运用多学科研究成果为基础，将冬季微生态景观设计构建成为一个互为能动的系统，为冬季北方城市的景观设计区域化改良提供了实践案例，为进一步解决景观设计领域中的其他问题提供了崭新的研究视角和研究思路。

（2）推动了景观设计领域的观念和技术创新。创新，多来自于学科交叉的研究平台之上。本书试图融合生态哲学、生态美学、物理热力学、植物学、设计学等多学科研究成果，为界限分明、各据一方的城市规划、风景园林、能源利用、设计艺术等学科的交叉协作，提供了基于景观设计理论与实践方面的观念性创新思路。同时，基于能量转化与再利用原理而进行的冬季草坪常绿和水体液态化实验，为低技术运用和生态美学的实践提供了技术观念和技术手段的创新路径。

（3）促进了以生态理念为指导的景观设计系统创新。景观设计在城市建设与城市生态发展中有着特殊意义，但景观不是城市空间的孤立体，它与周边的环境、能源、气候、植被、地质、人群的关系密不可分，而恰恰是由于景观与周边千丝万缕的联系，必然要求景观设计符合生态发展的趋势。本书所采用的技术方式及能量来源都是存在于景观自身或周边的自然空间之中，符合低碳、环保又符合生态学的有机契合原则，因此，必将对景观设计的生态模式和生态系统设计产生积极的推动意义。

2. 本书研究的主要内容

本书共 7 章。

第 1 章以国内外相关领域研究现状的梳理分析为切入点，就既有研究存在的问题引出本书拟解决的核心点及主要创新点，从宏观角度，对本书的基本内容进行了概括阐述。

第 2 章从微生态概念的导入，逐步推演了冬季微生态景观设计的理论基础、方法基础和实践基础，全面系统地界定了冬季微生态景观设计是在生态理念指导下的创新景观设计体系。首先，通过对自秦汉以来各个朝代直至当前的反季节植物种植技术的历史脉络梳理，为冬季微生态景观设计系统的建立提供了历史的和现存的可以实现的实践依据；其次，对于人类经历的宇宙本体论、人类本体论和生态本体论进行了必要的概述，目的是为冬季微生态景观设计的建立和形成找到其立足的时代需求和理论意义；再次，对低技术的概念、特征、功能进行了总结和分析；最后，从心理学、生态学、经济学、美学和设计学几个层面对冬季微生态景观设计的价值和意义进行了阐释，逐渐拉开了具有多重理念、技术限定下的微生态景观设计研究的帷幕。

第 3 章系统地梳理了能源概念、能源的存储、能源的利用、能源与环境的关系以及本书所希望利用的可再生的绿色能源及当前主流能源利用技术等，为改变冬季微生态景观面貌提供了能源要素的基础。微生态景观设计面对逐渐恶化的自然环境，为了不给生态环境带来新的压力和破坏，从而需要采用绿色的可再生能源，需要我们对能源从生态环境发展的角度去伪存真，去粗取精。因而本章对能源与生态环境的关系进行了论述，并对城市中绿色能源的可利用方式，如太阳能、风能、生物质能、温差能源、城市污水热能以及其利用方式进行了梳理和阐释。

第 4 章从草坪草种植的基本概况入手，阐释了目前景观草坪的分类状况，以及作为北方广为种植的冷季型草坪草的生长规律，从植物学的角度解读草坪草冬季生长的可能性。阐述了热能与草坪草生长的关系，从理论上假设如果能够在冬季给草坪提供一定热量，就可以让其生长，从而在冬季保持一片绿色。详细论证了如何利用太阳能、风能、水能、生物质能、生产生活废弃能、地热能为冬季草坪提供热源的方式，并通过实验及实际案例的方式验证实现景观草坪"冬令春景"的技术可行性，验证了对"冬令春景"景观草坪可以实现"春景"的理论预测。趵突泉景观草坪模拟的技术实践，不仅证明了该技术的可行性，而且为搭建"微生态景观"设计方法的理论构架提供了技术支撑和实践依据。

第 5 章从景观水体的分类、冬季景观水体的现状出发，针对景观水体作为景观设计中的重要组成部分和冬季景观水体在冬季自然气候影响下出现的严重现象，提出如何发挥设计的能动作用，在冬季恢复景观水体的活力，改善冬季微生态景观面貌和现状的问题。本章切入景观水体液态化的关键——热量，对景观水体与环境的热能交换、水体自身内部的温差热能、由外部环境向水体内部输入热能来源进行了剖析，为实现冬季微生态景观水体的液态化寻找到可以在水体自身和外部环境中利用的热量来源。对冬季可为景观水提供热能的可再生能源、能源的存在方式和利用方法分别进行了阐析，为技术的设计和实施提供了物质基础。并通过技术实验和齐鲁软件园冬季景观水体液态化案例分析，充分验证了对景观水体可以实现液态化的理论预测。

第 6 章实现了由冬季微生态景观到微生态景观设计理念的提升与转化，以生态理念为支撑的理论基础，以"低技术理念"为核心的技术原则，以系统分析为方法的运行规则，进一步提出了冬季微生态景观设计系统的理念体系，并通过对其广义设计学的跨学科特征、生态学的系统整体性特征、能量流与空间再分配特征、审美与文化传承的人文特征等方面的论述，对冬季微生态景观的基本含义进行了阐释。作为具有应用意义和价值的系统设计体系建构，从整体性、微尺度、适宜性、可持续性、人性化和协作性层面提出了微生态景观设计的原则，并依据系统分析的方法，对冬季微生态景观设计的目标定位、要素分析和设计策略与实施方式进行了细致的论证，从而在理论和应用的不同层面，建构起冬季微生态景观设计的基本框架。基于冬季微生态景观的理论分析和实践基础，创新性地提出以局部、区域小尺度的景观生态环境的改良与变化而形成的冬季微生态景观设计理念与设计体系，对于形成以生态理论为指导，实现景观系统的能量自循环、全生命周期关照下的微生态景观设计综合效益奠定了基础。

第7章在总结了本书研究目标与研究过程的基础上，对基于局部、区域的生态环境改良与改善，进而形成的冬季微生态景观设计，在设计理念、设计方法等层面的进一步延伸与拓展进行了展望，并试图强调本书的核心意义及价值在于：作为一种解决问题的途径和方式，在宏观景观环境系统中，局部或区域的调整与改善，将成为生态理念指导下的新的设计体系，具有较为丰富的发展空间。

3. 本书研究框架及研究方法

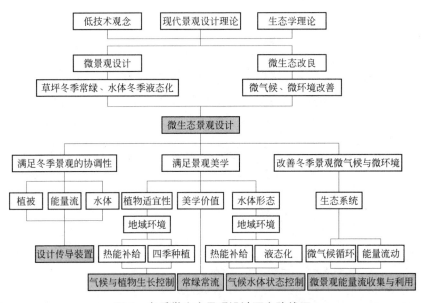

图 1 冬季微生态景观设计研究路线图

本书研究采用以下方法：

（1）文献研究法。文献研究法是指研究者依据选定课题的研究方向，搜集、筛选、整理、研究相关文献，从而能够更为全面地、准确地掌握课题的最新动态。文献研究法常常应用于各类学科研究中，所以，笔者通过这一研究方式，收集与本课题相关的最为前沿的研究文献，通过对前人成果的总结与借鉴，明晰本书的研究方向、目标及路线；搜集与冬季景观、微生态景观研究相关的学术资料，如景观设计、生态景观、生态美学、设计学等方面的理论与实践成果，启发与拓展景观设计系统研究的思路。

（2）实验法。实验法是探索各种自然现象和社会现象发生、发展以及变化原因的重要方法，是研究者以研究目标为导向，通过改变或控制其中的某些因素，对研究对象进行实际验证并获得实验数据和结果的方法。在本书研究过程中，于 2012—2013 年和 2013—2014 年冬季分别对景观草坪和景观水体进行了尝试性的实验，得到了大量的实验数据，验证了本书提出的景观草坪和景观水体改善冬季微生态景观的可能性。

（3）系统研究方法。系统研究方法是建立在跨学科研究的基础之上，对于系统内的各子系统进行整体化研究的方法。基于对多门学科的理论、方法和成果，从外围的学科中有重点地抓住与本书密切相关的部分，对某一课题进行综合研究。本书以景观设计学为切入点，融合了生态学、植物学、土壤学、物理热力学、气候学、美学、设计学等多门学科，以系统方法加以研究能够取得综合创新的成果。

于洪涛

2017 年春于济南

目　录

第1章
冬季微生态景观
设计研究的缘起

【本章导读】

　　本章基于景观设计发展背景，首先阐述了人与自然在哲学本体论层面的渐进过程：从远古至农业时期的人类臣服于自然、被动接受环境的自然本体论，到工业时期人定胜天、奴役自然的人类本体论，再到人与自然平等相处的生态本体论；然后概括性地阐述了人类对待自然的观念转向，阐明了人与自然和谐相处的生态观念。生态观是本书秉持的基本哲学观。

　　本章对于国内外专家学者在冬季景观设计、生态理论在景观设计中的研究与应用、生态技术在景观设计中的研究与应用以及微气候、微环境研究的出现与拓展等既有的研究成果进行了梳理，以期在跨学科背景下对景观设计的发展趋势有所把握，为吸收前人研究精华，发现研究不足，提出新问题和新方法奠定基础。通过梳理、研究，发现既有成果存在着以下不足：①对局部或区域性改善冬季景观的研究和实践鲜有涉及；②从生态主义观念的角度，缺乏区域景观系统的适宜性研究；③从设计学角度，缺乏跨

学科融合的研究成果。这些尚未解决的问题是本书要探索和重点解决的问题。

本章还对本书在生态景观设计的技术层面、理论层面、方法论层面的主要创新点进行了阐述。

1.1　基于生态价值观的景观设计发展背景

1.1.1　生态本体论的转向

　　1886 年，德国生物学家恩斯特·海克尔提出了"生态学"一词，发展至今，已经拓展到很多个领域。随着全球范围内在水资源、能源、生物资源、土地资源以及气候变暖等方面生态危机情况的加剧，"生态学"的研究范畴由注重自然环境与人工环境的和谐拓展至人与环境、人与人的更为宽广的领域，在社会学、政治学、经济学等各个学科都形成了广泛的交叉与渗透，其中，贯穿始终的是生态主义思想以及以综合系统的方式研究生态问题的方法论体系[1]。以科学为导向的生态主义思想已逐步发展成为一种哲学思想体系，并以多学科的交叉互渗改变了人类社会发展的前提，从盲目地顺从自然到片面地改造自然以至当今整体地尊重自然，在思维模式上发生了巨大变化，生态主义思想也经历了从自然本体论向人类本体论，继而向生态本体论的转化。

　　人类自从告别动物界，以生存实践探索自身的生存与发展以来，经历了原始文化时期、农业文化时期、工业文化时期以及目前正在转向的生态文化时期，按照人类发展的历史进程来看，以其主体意识与自然的关系为判断基准，生态环境美学认为人类的存在本体论经历了三个历史阶段。

1.1.1.1　自然本体论

　　自然本体论又称宇宙本体论，是从原始文明时期、农业文明时期到文艺复兴这一历史时期的存在本体论。这一阶段，由于生产力低下人类受制于大自然。随着农业耕种和动物驯养，人类开始了自我意识的增强，基本实现了自给自足的自然经济，但人类生存仍要靠天吃饭。因此，宇宙本体论强调人是自然界的一分子，人对自然环境要存敬畏和归附。中国儒家思想虽然提出了"天地人"三元合一的理论，认为应当"天人合一"，但"天人合一"的本质是人要合天，即人应归属于自然，人的生存本体是依存于自然。自然是至高无上的，人要"上敬天，下孝地"，"存天理，灭人欲"。道家更以自然为根本，主张"人法地，地法天，天法道，道法自然"。东方儒家和道家的思想与西方发端于巴门尼德、经由柏拉图创立到亚里士多德完成的哲学本体论，本质上都是宇宙（或称自然）存在本体论。针对这种以自然为本体的存在理论，马克思指出它"把人作为了自然奴隶"，人对自然有着强烈的依附性，同时在这种价值观主导下的生产力形成了依附于自然的自然经济社会关系，使得人同样对社会有着强烈的依附性，否定了同时也丧失了人区别于动物的自身实践能力和独立思维能力，忽视了人在自然和社会面前的能动作用。因此，这一历史时期从存在本体论上讲，人类处于以宇宙或自然为世界本体的时期。

1.1.1.2　人类本体论

这一阶段对应着工业文明时期，从文艺复兴直至 20 世纪末 21 世纪初生态本体论转型。文艺复兴后，人的自我意识开始觉醒，科技发展突飞猛进，在近代科学技术的形成和发展的基础上建立了光辉灿烂的工业文化。主客二分的工业文化把人的形体与外在世界看作机械性的物质，形成了一种机械论文化，并由此发展成为带有主体性极端片面的人类中心主义和工具理性，以满足物欲为动力，片面追求生产力或经济增长。人们对于人类拥有改造和征服自然的"无限能力"深信不疑。法国哲学家笛卡儿的"借助实践使自己成为自然的主人和统治者"的论断，以及德国哲学家康德进一步提出"人是自然的立法者"，都在张扬着人是宇宙和大自然主宰的理念[2]。自然与人的关系由"自然本体论"的状态发生了根本性逆转，人不再是依附于自然的卑微生物，而是自然的统治者，是万物的主宰，对自然界的一切都拥有"生杀大权"，自然由此变为了人类的奴隶，任由人类挞伐。"改天换地""征服自然"的强烈欲望统治着人们的思想，在这种片面化和功利化世界观的驱使下，自然所具有的价值多样性被消解了。在人们眼里，茂密的森林只是一堆木材、木炭或一沓沓的美元，自然的科学价值、生态价值、审美和情感价值荡然无存。虽然人类由此为自身创造了前所未有的物质财富，但是人类肆意按照自己的目的随意役使自然，对自然造成了过度侵害，过度的碳排放和原始森林的逐渐消失破坏了拥有地球外衣之称的大气圈，大气的臭氧层出现空洞，强烈的太阳紫外线穿透大气层，使地球不断变暖、海平面水位不断上升、各种恶劣极端的天气不断破坏着人类的生产和生活。一切正如恩格斯所言，我们对自然界的每次胜利，都将会得到自然界的报复。这种报复逐渐敲醒了居高于自然的人类，人们开始对人类中心主义的人类本体论、人类生存的自然环境乃至人类自身的生存开始反思。

1.1.1.3 生态本体论

20 世纪 70 年代，面对不断恶化的环境危机，人类对环境现状和自身行为开始反思，生态认知和意识开始觉醒。人类究竟该如何与自然和谐共生，不再对立，成为人们对世界存在本体的思考重心。联合国号召世界各国积极面对生态危机和人类的可持续发展问题[3]，终于在 20 世纪末叶形成了从"人类本体论"向"生态本体论"的转向。生态本体论以马克思主义的"辩证唯物论"和海德格尔的"存在哲学"为基础，对自然本体论和人类本体论进行了否定之否定，摆脱了主客二分的哲学思维范式，认为人既不是自然的奴隶也不是自然的主人，而是与自然界共处于一个整体的生态系统之中，人与自然是平等互利、和谐共生、圆融共舞的关系，体现了"体证生生以宇宙生命为依归"的生态审美观念。生态本体论实现了"自然主义"与"人道主义"的完美沟通：人类对于自然的开发是在尊重自然的前提下进行的，是基于"取之有度，用之以时"的价值取向。既要强调人的自然化，把人作为生态系统的一部分（这里与宇宙本体论中人是自然的一部分有着本质的区别），研究系统的整体存在和演化规律；同时肯定人与自然万物的差别，肯定人具备智慧和实践能力的主体能动性，肯定未来的发展将由基于人的现实认识实践能力，而对人与自然关系的认识、反思、协调和重构途径来实现。

生态学的生态本体论转向为洞察和反省景观设计的模式、过程和相互作用提供了依据。它不仅揭示了人工环境与自然环境的相互关系，而且能够进一步作为解读人与人之间关系及相互作用的一种方式。

1.1.2 跨学科背景下的景观设计发展趋势

"景观"（landscape）一词，最早与风景、景致、景色的含义相一致，在东西方关于风景的描述中，来自自然风景或者山水的视觉美学意义广泛存在于文学艺术作品中。景观以不同的观念和表现手法，展现出或自然或人工的景观所赋予人们的美学意蕴。到了19世纪中期，"景观"一词被德国动植物学家、地理学家洪堡（Alexander von Humboldt）引用到地理学中成为一个科学的术语，后由俄国地理学家引申为包括生物与非生物的景观整体，而形成了"景观地理学"。至20世纪30年代，德国的生物地理学家 Troll 率先提出"景观生态学"[4]，标志着作为生态系统载体的景观的概念发生了革命性的变化，以系统的观念强调自然现象空间关系与生态区域内的功能关系所共同影响的景观整体系统的结构与功能。至20世纪60年代，"景观可以理解为地表某一空间的综合特征。"[5] 从这个角度来说，景观已经不仅包括了物化实体的结构、功能及其相互关系，还逐步延伸到人的视觉所触及到的景观像及像的历史发展。随着生态主义思想的不断发展，"景观生态学"与"人类生态学"形成交集，使得景观成为一个多层次的复杂系统，展现出物质文化与精神文化的双重功能导向。

与景观概念发展相一致，景观设计的指导理论与评价标准也发生着变化。在农业时代，景观设计以"工艺美"的表现手法和形式，注重人工改造的形式美感或园艺美感，出现了为帝王服务的皇家园林样式、文人山水园林样式等多种形式。工业革命以后的工业时代，随着城市的快速发展，公共绿地、公园等景观的出现，体现了面向公众，改造城市景观环境，适应城市建设发展的景观设计思想。自20世纪后半期，特别是进入21世纪以来，伴随着城市规模的急剧扩张，城市化问题带来的众多负面影响，在城市环境质量与人的生存质量方面提出了更高的要求，生态主义观念也逐步渗透到城市规划的设计思想之中，后现代主义的建筑设计理论和当代艺术思潮从另外一个角度为20世纪60年代以来的景观设计提供了观念和艺术形态的支撑[6]。因此，以生态主义思想为指导，全面考虑城市景观设计在城市环境的生态质量、人的生存质量以及城市形象的文脉特点与个性方面，城市景观设计不再局限于单纯的视觉审美意义上的"工艺装饰"或"修饰"，而是以整体系统的处理方式，结合快速发展的科学技术所提供的新工艺和新材料，营造全新的景观设计理念和设计方法。

在此基础上，跨学科交叉已成为当今景观设计的必然趋势。今天，景观设计已经不再是某一个孤立的具体对象的单独设计，而是存在于大的环境之中，与整体的人类生态系统息息相关的各个部分共同作用的一个要素，是多部门、多学科异质性知识耦合的跨学科创新[7]，是为达成整体优化目标的设计整合与系统规划与实施的过程。

另外，注重局部景观设计的差异化和个性化也成为当今景观设计的发展趋势。与工业化时代的标准化和千人一面的城市景观设计方式不同，依据地域性文化传统、当地习俗文脉所形成的文化景观设计开始成为界定并彰显城市形象的重要方式，同时，差异化和个性化的内涵，正逐步深入并拓展到对地域独特的气候、地理、动植物等局部微气候、微环境的调适与优化的综合设计之中，以与人类的生活和工作密切相关的微环境的景观设计，达到局部景观的差异性和个性化设计目标。

1.2 国内外研究现状综述

1.2.1 国内外冬季景观设计的研究现状

刘德明[8]最早在其博士论文中讨论"寒地冬季景观"对于寒冷地区城市公共空间发展的趋势。吴松涛、贾梦宇[9]再次讨论"寒地冬季景观"作为优化城市设计职能的重要策略，论及景观建筑并以马斯洛人类"五大需求"理论阐述冬季景观对于人们生理与心理诉求的意义。马青、梁晓燕、田晓宇[10]又以马斯洛理论为基础对寒地休闲广场设计进行了深入的思考，核心在于冬季景观对于生活在北方地区的居民而言是一个不可或缺的生活环境，提出景观设计要满足人们在心理和生理的两个层面的安全性需求。比如，加设防滑耐

磨材料的道路铺装，以增强冬季雨雪天气人们出行时的生理安全性；或者在夜晚以充足的灯光照明，通透的视线增加人的心理安全感。

李佳艺[11]对城市冬季色彩、建筑外部细节及材质选择进行了比对分析，她认为，城市景观的色彩在冬季特殊的自然条件下，给人带来的心理感受和审美取向是不同的。阴暗、单调的自然色彩容易使人们产生低落、负面的情绪，在这样的背景下，作为人为的景观设计，应通过丰富建筑外部细节，采用鲜亮的色彩或暖色系提高环境色彩的变化，带动人们的情绪和审美感受向丰富、愉悦的方向发展；同时，对于建筑以及周边景观的材料选择，她提出，针对材质本身的冷暖感受，应多注意选择木材、塑料等感官体验上倾向于"暖意"的材质。刘振林、马海慧、戴思兰[12]提出转变冬季城市景观的萧瑟、凋零面貌，可以从植物配置上加以改变，如松、柏等常绿、观赏植物的选用，可以用有限的绿化唤醒冬眠的城市景观。杨德威[13]更从寒地城市居住区冬季植物景观的角度，对"绿意"给人们带来的心理影响进行了探讨。

近年来，学界越来越多地关注寒地冬季景观设计问题。余湘雯[14]以北京为例，研究了北方城市冬季景观的绿地问题，谢慧聪[15]对北方地区人工水体景观设计研究进行了较为全面的研究，从水体形态到驳岸设计，以及当地气候的特征与水景关系进行了论述。谢慧聪还在文章中对中国工程院院士李道增先生的新制宜主义原则进行了介绍，"新制宜主义"主张依据不同的地点、事件和时间提出适宜的解决办法。

国外对于寒地城市的系统研究起步较早，1983年成立的寒地城市协会（Winter Cities Association，WCA）作为一个国际化研究和学术平台，每两年都会选择一个寒地城市进行主题性研究交流年会[16]。围绕促进经济发展，提高居民生活质量，推动寒地城市适居性发展等方面进行论证。挪威艺术家与景观设计师合作设计的挪威Tromso大学广场（该大学地处北纬70°，是世界上位于地球最北端的大学）中运用了地下加热系统，使得喷泉附近的积雪会消融，加上灯光效果的应用，使学生和教师员工在冬季也能享受到水和灯光带来的乐趣。

综上所述，对于寒冷冬季中自然现象对人们生理和心理上造成的问题，以及如何利用人工景观的设计和实施加以改进方面的问题，在国内外学界逐步备受关注，并试图通过改变绿植的品种，调整景观内建筑、设施等要素的材料、色彩等方式，提高寒地冬季城市景观的适居性，给人们带来积极地、正面的心理感受和审美意义。然而解决问题的途径和思路尚停留在被动地面对与适应阶段，在国外的研究中，已经将低耗、低碳、循环再生等观念纳入其中，在生态思想的指导下，开拓寒地城市冬季景观的变化与设计思路。

1.2.2 生态理论在景观设计中的研究与应用状况

于冰沁[17]曾经将生态主义思想对西方近现代景观设计的影响进行了详细的梳理。她认为，20世纪六七十年代，是生态主义意识的嬗变，是生态规划理论完善的重要时期。进入20世纪90年代后，由于生态设计原则、可持续发展观以及生态技术、生态材料的快速发展，伴随着进入21世纪以来景观与生态都市主义思潮的出现，生态主义思想和理论体系日臻成熟，并使得风景园林学科内部曾经出现的分裂局面在新的思想、理论层面上趋向融合。这种融合，体现了生态主义观念艺术表现与审美以及社会需求和发展的融合，从而将艺术与科学、景观设计与城市规划以及艺术追求和生态观念之间的二元对立关系加以联动与消解。

进入21世纪以来，我国对于生态主义思想和理论在景观设计中的应用研究全面开展并逐步深入。涉及风景园林、城市规划与设计、园林植物与观赏园艺以及建筑理论与设计、艺术学、设计学等多个学科领域和研究方向，形成了大量的研究成果。其中，对于生态理论在城市景观设计中的研究，以生态系统理论、景观生态学以及可持续发展理论为指导，进行城市景观设计研究的充分比较，同时，来自艺术学、设计学领域的研究者则更加注重景观设计的文化、社会属性，强调人作为景观设计的主体，在精神需求和文脉传承方面对景观空间的丰富感知与体验，强调在塑造景观人文生态方面的重要意义和作用。

贾秉玺等[18]的研究，基于景观生态学注重空间异质性和生态整体性的思想脉络，运用等级尺度理论将景观规划的土地加以合理与持续利用，应当作为景观规划设计的重要内容。吴抒玲[19]从当今众多的人工景观采取堆砌、强制方式给人们带来了视觉压迫感的角度出发，探求弘扬场所景观、寻常景观和绿色景观的"自在景观"的设计之路。她认为，生态循环可视、可触、可感、可知的过程，本身便具有大自然的原始魅力，是人类可体验并参与的重要内容，在这里，景观不再是一个单纯的物化存在的实体场所，更为重要的是为人们的精神需求和审美需求提供了家园。

围绕着城市绿地、水体的生态建设，王平建[20]将研究视角放在城市化进程中绿地景观的生态建设，以可持续发展和城市生态系统的自我平衡为目标，对城市的植被、园林、森林等绿地系统进行了分类研究，结合上海市的实证分析，建立起城市绿地生态建设的理论框架。路毅[21]认为，应从城市水系的自然属性和保障滨水安全的角度，结合城市生态环境效益、城市历史文脉以及公众环境心理行为等方面综合分析，进行城市滨水区的规划与开发建设。王思元[22]从景观生态规划设计入手，将景观规划与城市规划相协调，构建了城市边缘区绿色空间的复合生态网络，并提出了城市边缘区绿色空间的"绿环/绿楔""镶嵌式绿块"和"绿色补丁"三种理想模型。

杨鑫[23]在基于全球化和一体化的发展趋势以及千城一面的城市面貌研究中，立足于生态主义思想和理论，认为具有生命的景观特征与地域不可分割，他强调"地域性景观设计是体现自然文化的途径，利用自然规律，认知自然的合理改造方式的过程"。

从艺术学和设计学的角度，陈宇[24]立足于城市街道景观空间的社会文化属性，探讨构建城市街道景观的个性与特色，塑造城市文化特点以满足人们的精神文化需求的方法与途径。余洋[25]认为，景观体验的展开是人在景观中运动而获得的体验和感受过程。体验的结果不是零散或细节的记忆，而是对景观整体的印象。这里，体验的个体是综合感官的共同作用，同时也受到体验的社会性的影响，具有个体感知与社会认同的双重标准。而具有体验特质的景观场景设计，应注重以实现不同的体验经历和结果为目标。金晓雯[26]依据生态知觉理论，对景观设计中，人类先天的本能、直觉以及后天养成的习性，在景观环境中的行为方式展现出"抄近路""逆时针转向""依靠性""兼做他用"等特性，立足于两个学科交融，为景观设计发展提供了研究的依据。

1.2.3 生态技术在景观设计中的研究与应用状况

生态技术是在生态观念指导下，运用生态系统原理，强调在获得良好的经济和社会效益的同时，在技术使用过程中把对环境的破坏降低在最低水平的价值判断。生态技术不是单纯地指某一种具体的技术及其使用，而是更加注重在技术运用过程中对整体系统从输入到输出全过程的影响，注重资源的合理利用，注重技术在环境中的综合生态效应。以生态主义思想为指导的技术发展路径有两大类，一类是基于高新技术的最新成果，采用新技术、高技术、新材料、新工艺的相关技术成果，以先进的结构、设备、材料、工艺等实现景观设计的生态效应，同时由于其成本较高、成熟度较低等问题，对生态景观的普及会带来一些影响。另一类是选择并提炼传统技术中能够为今天所用的一部分技术资源，融入现代景观设计之中，其中尤其是指能够利用当地资源和当地民间蕴藏并传承的生存、生产和发展的技术智慧和技术方式。

杨天人、李文敏、余伟超、郑炜[27]组建的团队，以节能减排和生态环保的理念为指导，结合前期大量深入的调研，对建筑立面景观绿化的生态系统构造进行了实验性研究，以单元格构成形式收集雨水为立面绿植提供水分，并使用简易的机械传动装置建成循环管道，使建筑立面的功能、美学和生态效应在多个层面形成创新，在项目研究和实验过程中，将物理学的机械传动方式与植物的适宜性种植、景观绿化美化有机地结合为一体，在来自物理学和景观学的团队共同协作下，实现跨学科的交叉创新。

苏浩然、王玉芬、李丽娜[28]在基于区域生态建设理念和可持续发展的要求方面，对哈尔滨某垃圾填埋场的景观设计进行了探讨和实践。在后期的景观设计过程中，他们针对性地选择植物的群落配置，构建生态位的科学性，努力实现植物与微生物间的无废物循环；通过利用水生植物、动物和微生物的共生、降解、同化等对水质进行净化，然后用作灌溉或作为景观水体用水。另外可利用废弃物做人工景观的艺术装置，或回收加工成复合材料。关于废弃物的利用，赖雪、王熠莹[29]在探讨景观设计中新材料、新工艺的应用时，着重强调了具有生态价值的废弃建材、废渣和原材料的再利用，如采用废弃的铁路枕木筑成台阶，钢化玻璃的碎片铺成具有艺术美感的地面等；另外，还应注重遵循生态环保4R原则的材料选择，以减少能耗与污染，节约成本，增强材料的使用性能和循环使用率。

进入21世纪以来，对生态技术中的低技术理念和技术资源的研究逐步深入。尤其是在生态建筑方面，充分挖掘地域性建筑文化传统和营造方式，基于对当地气候、自然条件、自然资源等因素的充分了解，采用当地的材料和建筑技术，完成低技术的生态建筑设计。在景观设计方面，生态低技术的应用应当更为广泛，但就目前来看，研究的广度和深度尚处于方兴未艾的发展阶段之中。

尹希达[30]提出，简单、低廉、快速并且因地制宜的低技术，在基地处理、材料选择、技术应用和成本控制方面，对实现可持续性景观设计提供了更加生态化的发展路径，同时，就以低技术手段完成景观设计的方法、原则和技术可行性进行了分析。如水质净化与水生动植物养殖，以砂砾的自然铺设代替人工砌筑的"可渗透性"的近水驳岸等。

刘雪利[31]基于低碳、生态环保的理念，对城市中的雨水、地表径流水的生态性再利用进行了理论阐述和实践验证。并以广东顺德滨江公园景观设计为例，尝试性地进行了雨水收集、再利用的实验和分析，为城市景观设计中低技术的应用提供了范例。于晶晶[32]则关注废弃物在低技术环境设施中的再设计利用问题，研究表示，从节能环保和可持续发展的角度，对废弃物的功能置换、功效优化、适度改造以及采用艺术手法使其获得形式美感的再生，都是对废弃物合理改造利用的有效方式。

从上述研究成果中能够看出，生态低技术是当代社会基于生态环保、可持续发展的现实要求，对传统技术在继承的基础上的再创造过程，它将传统与现代、继承与创新、人工与自然等多方面的内容在更高的层面实现了融合。

1.2.4 微气候、微环境研究的出现与拓展

微气候研究基于对相对于大环境之下的小环境气候的关注，早期主要指人们日常生活中室内环境的小气候。微气候研究从关注与人类生活、工作紧密关联，对人类健康和生活质量有直接影响的室内空间气候角度出发，以局部地、人为地改变室内温度、湿度，增加新风量的方式，增强室内环境的舒适度为主要方式[33]。通常意义上的采暖或制冷设备的出现与使用，便是早期人们试图营造微气候的一种努力成果。通过调整室内的温度和湿度等因素，不仅带来了人在生理方面的舒适感，有利于抵御呼吸道疾病，提高健康水平，同时，也能够提高人的思维水平和工作效率，在人的心理方面产生积极地影响作用。

随着微气候研究的不断深入，人们对局部环境空气中的结构成分——空气中的微量气体以及人们生活、工作过程中生成排泄的化学有害成分有了更为丰富的认识，如室内外空气交换过程中进入室内的大气污染物或者各种粉尘、微生物；家用电器产生电磁波以及人体在呼吸、流汗、排泄过程中产生的有毒物质等，都纳入了微气候环境分析内容，并作为改善微气候环境指标的重要基础。

区别于大环境气候，微气候研究从改变相对局部的小环境气候着眼，以为人类营造生理和心理舒适度更高的微环境为研究思路和实践方式，推动了微气候理念和运作方式的推广与应用。如果将某个城市作为一个大的环境，城市中各个重要因素都可以发挥改变微气候环境的能动性，如城市的草地、水体等。王修信、胡玉梅等[34]通过定量研究的科学数据分析，评估并证明了城市中的草地具有"降温增湿、释氧固碳、调节小气候等生态效应"。陈宏、李保峰、周雪帆[35]以武汉市为例，探讨了水体对城市微气候调节

的作用。研究首先完成了对武汉市位于长江两岸滨水街区的微气候实测，了解到江风对于街区局部气候影响的成因和规律，并依据近40年来，武汉城市水体变化的数据材料，解读并分析水体变化与城市气候数值的关系和影响。

城市中的各个小区也相对是一个小的环境，可以运用微气候观念进行细致的研究，完成其微气候条件的变化与塑造。如，针对小区风场、局部的热岛效应以及小区大气结构的分析与研究，进而为城市规划和建筑设计提供微气候舒适度的分析基础，也可以通过对现有小区中建筑布局、人们生活移动方式的细致研究，分析小区内的太阳辐射、风流所形成的局部小环境所造成的大气质量的改变[36]。如图1.1所示，高度不同的两个建筑物，使气流在此难以通达地流动，从而容易集聚小区内的各种垃圾，并难以清理，使得垃圾堆积产生的有害物质对局部的大气质量造成负面影响。

微环境概念最早出现在生物学的范畴，指细胞以及细胞间相互作用的微小环境，其相互的作用力与反作用力能够带来微小环境的变化，进而影响宏观环境。同时，微环境的状况也能够影响期间的微小生物的活动状态，它们之间的相互关系及变化呈现出丰富的可变状态。

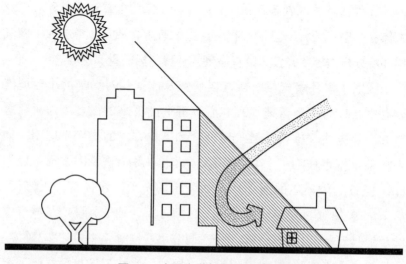

图1.1　小区中微气候影响示意图

对于微环境的研究，在医学、生物学、药学等领域已经得到了广泛的发展，随着跨学科研究的不断推进，这种基于微小的细胞环境的研究逐步延伸至其他领域，其关注相对于大环境中的各种微小环境的特殊性、差异性以及由若干微小环境之内或之间形成的相互关系的研究视角和研究方法，在建筑学、景观学等领域得到了逐步应用。

清华大学建筑学院、清华大学建筑节能研究中心的李晓峰认为，建筑周边微环境设计包括风、热、光、声四个部分。风环境是指建筑周边的空气流动及风压的分布；热环境是指建筑周边温度、湿度及长、短波辐射的分布；光环境是指建筑单体的自然采光及建筑自遮挡、互遮挡问题；声环境则是周边交通等环境噪声，上述各个因素的分析与优化或治理的过程，是微环境设计的主要内容[37]（图1.2）。

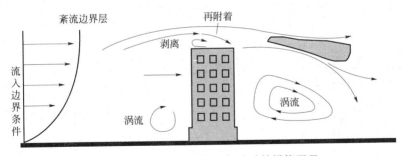

图1.2　建筑周边微环境空气流动的模拟图示

李爱琴[38]从研究影响微环境生态平衡的要素出发，探讨了室内微环境生态平衡与人体疾病控制的关系和方法。刘书田、王春红、赵志强、刘森林[39]将与人体健康密切相关的室内环境作为微环境研究的切入点，从监测到防治以及控制标准等角度，提出室内微环境研究是一个多学科交融的新领域，也将成为21世纪环境科学的热门研究领域。

谢宜、葛文兰[40]以生态城市建设的可持续发展理念为指导，综合利用气象数据以及城市的外部环境数据，对城市规划在微观层面的生态量化指标进行模拟与评估，为城市规划设计提供科学支持。

李積、黄娟、姜磊、徐文杰、王其东、陈曦[41]对人工湿地中的植物根系的微环境特征进行了分析，提出根系分泌的内在机制与根系微环境植物抗逆性的关系。卜义惠、袁琳、杜春山、徐景颖[42]在针对城市污水处理问题上，以低碳运行方式和微环境生化机理，充分利用有机化合物的生化处理产物和反应热达到降低经营成本、简化处理工艺流程的目的。

从上述研究中能够看出，微气候、微环境概念的提出，其主要原因在于随着生态主义思想、系统科学以及环境科学研究的深入，人们开始关注对宏观环境造成重要影响的小微环境、空间的探究与改善，将一个居于宏观系统中的要素或子系统作为研究对象，能够更加深入、全面地探察局部与整体的内在关系，从而为全面改善宏观系统的功能导向奠定基础。同时，针对小微环境、空间的深入探究，需要跨学科交融的平台支持，需要多学科共同协作来完成，这也成为当今围绕"问题解决"为目的的热点研究方式之一。

1.3　既有研究存在的问题

作为景观构成的四大要素——山、水、植物及建筑中的水与植被而言，在冬季黯然失色，水体结冰、植物凋零：虽然可以给人们带来一种苍凉的寒冬之美，但是，如果人们在这些公共空间内可以享受到花木葱郁、春意盎然不是更美吗？

基于本书的视角，既有研究存在的问题可以总结如下。

1.3.1　对于局部或区域性改善冬季景观的研究、实践尚鲜有涉及

通过既有研究情况的梳理，能够发现人们已经普遍认识到冬季北方城市景观环境所带来的困扰，并试图改善这种状况，在北方城市植物的选配、物理性热能的使用以及探索冬季景观环境中人的精神需求方面，立足于不同学科的研究角度，各自有所推进，然而缺乏从整体的层面，综合改善、改良这种状况的研究思路和实践成果。

在既有研究成果中，虽然对冬季城市景观进行了不同角度的分析，但大都各自关注景观空间、形态、气候等独立因素，对于从综合冬季城市景观整体面貌变化、改善的研究较少。比如，水体与植被的综合考量，从形式美的角度考虑较多，而缺乏立足于整体性、功能性的综合系统分析和实践；在园林景观设计的过程中，北方城市的冬季景观与春、夏、秋三季的差异造成了冬季人工景观的闲置，而景观设计对此形成的被动接受与认同，使得冬季景观长达1/3时间的萧瑟没有纳入景观设计的视野，换个角度来说，便是缺乏景观设计的全生命周期关照。

另外，在植物学和园林学角度，虽然从植物选配方面考虑到植物冬绿能够为景观环境带来良好的生态效应，能够为人们在冬季的心理和精神方面带来良好影响，但是，并未对实现冬季适宜的植物生长条件进行反向思考，而进一步探究实现的可能性。

1.3.2 从生态主义观念的角度，缺乏区域景观系统的适宜性研究

在既有研究中，对景观设计场地与周边环境关系已经有所涉及，如从城市绿地、城市滨水区等区域景观系统的角度，但更多地关注物质实体空间的特性和功能研究，而对能够将景观子系统与外界环境实现能量交流，并能够改变景观功能导向的研究较少涉及；同时，生态主义思想并不是一味地强调顺从和依附自然，而是在尊重自然的前提下，以生态主义观念为指导，能动性地解决现实存在的问题。从这一角度来说，对于如何把握生态观念与现实问题之间的矛盾，寻求"适宜性"的系统解决方案，在既往研究的成果中尚属鲜见。

另外，低技术理念已经成为逐步为学界和社会所认知和倡导的一种生态技术理念，但对低技术的认识还停留在理论研究层面，将其纳入景观设计之中的实践案例比较缺乏，将其作为一种思维模式来指导景观设计的运营理念的努力也比较鲜见，这也是本书试图突破的重要内容之一。

1.3.3　从设计学角度，缺乏跨学科融合的研究成果

在既有研究成果中,设计学的跨学科交叉特性已逐步显露。然而,基于美学理论和审美需求的设计学层面,始终还存在着将景观设计作为美化、修饰、装饰手段的误区。研究者更加关注景观的形态、材料、机理、色彩等因素所体现的形式美感和审美感受,对于整体景观设计的功能要求、系统联动等方面的研究较少,缺乏跨学科协作所形成的综合创新成果。

其次,对于景观设计诸要素之间,如建筑、植被、水体、设施等,缺乏系统化的关联设计,未能充分地将各个要素进行有机的组织,使它们形成一个能够共同发挥作用的整体。

同时,由于一个阶段以来,景观设计作为城市形象工程的一个重要组成部分,在规划、设计、实施和管理等方面还存在着重形式、轻机能,重局部、轻整体,重建设、轻管理等问题,也为本书的应用系统的拓展提供了理论和实践研究的空间。

1.4　本书拟解决的问题

（1）从生态技术层面,尝试性实验并确立了改善冬季北方城市局部景观面貌的技术方式。实现"冬令春景"的微生态景观效果,依照传统的追求形式与空间功能的设计方法,是不可能实现的。必须建构一套基于生态理念的技术系统,这套系统既要符合现代生态景观的理念,又是低成本、低技术、绿色环保的技术模式。

（2）从系统方法角度,试图建立符合生态观的方法体系。景观生态系统是一个错综复杂的集合体,单一的解决景观设计中的某个要素的问题难免都会出现以偏概全、"一叶障目不见森林"的局部思维的泥潭。因此,将生态观念植入在景观设计的各个系统之中,从而以生态的整体性、系统性观念开展景观设计实践。

（3）从景观设计学科建设的角度,构建冬季微生态景观设计体系。遵循生态哲学理念,运用系统方法,建立一个全生命周期关照的景观设计系统，是当下景观设计必须要解决的问题。城市化的快速推进、人与自然和谐发展的需求、景观自身价值在人们生活中的地位得到不断凸显，要求景观设计从人、自然、城市、社会之间寻找到一条彼此友好的、系统优化的、可持续发展的模式，因而构建微生态景观设计系统显得格外重要。

1.5 本书的主要创新点

1.5.1 本书尝试性地实现了技术层面的创新

针对冬季北方城市景观的现状，寻求主动的技术方式改变冬季景观水体冰冻、植被凋零的景观面貌。借助热能物理、能量转化原理构建低技术理念指导的适宜性景观技术解决方案，建立高效应、低能耗、易实施的景观设计技术模式。实现绿色新能源与景观设计的有机结合，为景观本体实现生态性全生命周期的可持续发展提供解决方案。已经获批的国家专利（专利号：ZL201320335721.9、ZL201320335729.5）对这一创新进行了验证。

1.5.2 本书初步实现了理论层面的创新

冬季微生态景观设计理论基础的构建基本奠定了基于广义设计学、生态美学的理论延伸。立足于跨学科平台的微生态景观设计理论研究，具有明确的广义设计学特征，从多元化、多维度、多视角、多层次的角度，进一步为广义设计学开拓了在景观设计领域的理论研究，丰富了广义设计学的研究内容。同时，发展了生态美学的实践理论，使得生态美学拥有了具体可操作的理论支撑。冬季微生态景观设计理论还对传统的景观设计理论完成了广义的更新与丰富，使得原来立足于艺术美学的景观设计理论增加了生态技术层面的理论体系。

1.5.3 本书基本实现了方法论层面的创新

冬季微生态景观设计应用体系建构了跨越土壤学、气候学、农

学、植物学、基础物理学、物理热能学、生态学等的跨学科复杂系统，并从各学科的纵向孤立分布的平台上建立了横向系统化桥梁，共同为实现冬季微生态景观设计这个总目标而形成各子系统及系统要素相互联系、相互影响、相互作用、相互协同的有机整体，把传统的景观设计系统从原来的简单系统升级为复杂系统，在原有的基于单一学科的方法运用层面上实现了学科交融与创新。

第2章

冬季微生态景观设计的理论与实践基础

【本章导读】

本章从微生态概念的导入，逐步推演了冬季微生态景观设计的理论基础、方法基础和实践基础，全面系统地界定了冬季微生态景观设计是在生态理念指导下的创新景观设计体系。

对于冬季北方城市在景观设计方面存在的问题，本书立足于局部改良以获得城市中区域景观环境综合生态效益的原则，认为这一命题的提出不是空穴来风的虚幻概念，是自古以来世界各国人民，特别是我们生活在中国这片土地上有着五千年农业文明的中华民族矢志不渝的理想追求。本章对自秦汉以来各个朝代直至当前的反季节植物种植技术的历史脉络进行了充分的梳理，为冬季微生态景观设计系统的建立，提供了历史的和现存的可以实现的实践依据，同时，从技术角度为冬季微生态景观设计系统抽取了技术规律，尽管设施种植方式不能直接用于本课题，但为其技术系统的建立打开了一扇窗。

冬季微生态景观设计是符合最新的生态本体论和生态美学的科

学命题。本章对于人类经历的宇宙本体论、人类本体论和生态本体论进行了必要的概述，目的是为冬季微生态景观设计的建立和形成找到其立足的时代需求和理论意义。同时，也对后文即将展开的应用研究进行范畴的界定，即冬季微生态景观设计系统必须符合生态本体论和生态美学的要求，在人与景观之间建立起彼此友好、和谐共生、圆融贯通的生态机制。并且特别强调了生态美学立足于以人为本，尊重人追求"美"的愿望同时又尊重自然内在规律，强化"人欲"与"物性"辩证统一的和谐关系，使得冬季微生态景观设计不言而喻地成为在新时代精神的推动下生态美学发展的生动案例。

全新理念下的冬季微生态景观设计系统不是空中楼阁，同样需要以生态观为指导的低技术的支撑，没有了技术支撑的理论只会使本文命题走向乌托邦式的空泛理论，对于现实社会不会产生真正意义上的创新和贡献。因而本章对低技术的概念、特征、功能进行了概述，目的在于使本课题研究的技术路径不会重蹈非生态技术恶性循环的怪圈，重蹈人类本体论的覆辙，变成对自然环境的戕害，最终伤害人类自身。

最后，本章从心理学、生态学、经济学、美学和设计学几个层面对冬季微生态景观设计的价值和意义进行了阐释，逐渐拉开了具有多重理念、技术限定下的微生态景观设计系统研究的帷幕。

2.1 微生态观的导入

2.1.1 微生态学

微生态概念源自人类对影响自身的宏观生态系统和微观生态系统的深入认识。将人体及其内部的各种微生物群所构成的微观环境系统称为"微生态"环境，并由此引发了研究这一微生态系统及其平衡理论的微生态学。德国学者 Volker Rush 博士在 1977 年率先提出了以"细胞水平和分子水平的生态学"为研究对象的微生态学概念[43]。微生态的"微"是以地球上的大生物系统为宏观系统，以人体的自身个体系统为微生态系统，分为"全球生态系、生态系、生物群落、种群、个体"五个层次，人体的微生态系统包括作为个体的人体与微生物群组成的总微生态系、人体各级解剖系统与微生物群组成的大微生态系以及人体具体的解剖器官与微生物群组成的生态系，以及微群落、微族群五个层次。深化至微生物的细胞及分子水平的"微"概念，将影响系统结构与功能的最小要素进行了界定与探究，并将之放置在影响整体系统结构、功能的角度，放置在要素与各层级系统关系的从属与能动性角度，加以分析研究，从而推动对个体差异性特质的认识，推动围绕个体差异特质的针对性措施的应用。

我国的微生态学研究始于 20 世纪 80 年代，至 20 世纪 80 年代末，成立了微生态学会并创刊《中国微生态学》杂志。提出微生态学是基于生态学理论基础之上的"研究微生物在细胞或分子水平上相关关系的科学"[44]。随着研究的深入与拓展，逐步延伸到动物、植物方面的微生态系统研究，促进了以调整微生态系统平衡为目标的生物制剂的研究与应用，在医学、药剂学等领域取得了较为丰富的研究成果。

微生态学理论广泛应用于医学、药剂学、植物学等多学科的研究，在人体微生态研究、人体与环境之间的微生态平衡以及动物、植物微生态系统研究方面取得了较为丰厚的成果。作为一种研究视角和研究方法，微生态学以其注重差异性、系统性和平衡机制的内在要素，也逐步被延展到其他学科领域，如环境中以物质形态存在的矿物或化学元素残留所形成的微生态系统，对环境带来的影响分析等，将研究的视角拓展至广义生态环境中的各个环境要素的微生态分析以及系统间的关系研究上，其目标以生态理论为主导，以获得生态的和谐与平衡。

2.1.2 微生态系统

"微生态系统是指在一定结构的空间内，正常微生物群以其宿主组织和细胞及其代谢产物为环境，在长期进化过程中形成的能独立进行物质、能量及信息（即基因）相互交流的统一的生物系统" [45]。它们以物质流动、能量交换以及信息流动为主要特征，以协作与竞争，共生与拮抗的不同关系方式，达到系统内的动态平衡。宏观的生态与微观生态的各个层次都处于相互影响、相互依存、相互关联的统一体内。它们之间关系的多样性与复杂的结构特征，使得这一系统呈现出丰富的变化内容，也因此构成了研究并转化以及改变某一要素，而转化并改变其系统功能的研究与应用方式。

将微生态系统理论导入景观设计，是依据微生态学的理论与实践成果，将与人类生活、工作密切相关的建筑周围的景观、庭院、公共广场、街道等相对局部的景观空间，进行调适、改良性质的小区域景观系统设计。微生态系统理论为微生态景观设计提供了如何理解并处理好局部、区域景观环境与其外部环境或者称为大环境系统之间关系的研究依据。从某种角度来说，局部或区域的微生态景观环境，其各因素之间关系的分析所形成的结构以及不同结构关系构成的功能导向，对于大环境来说，不仅是一种补充或完善的意义，有时能够对大环境的整体改善带来积极的引导和价值。

2.1.3 微生态平衡

寻求并达到微生态系统的平衡，是微生态系统研究的主要目标。基于对微生态系统结构及功能的研究，发现微生态系统的平衡，不是单纯地利用外力改变其某一属性和性质，与传统的征服和改变自然的观念不同，对于微生态系统平衡的机制，更多地在于利用族群、群落以及与各器官之间的共生、竞争、协作、拮抗等关系，调整并转化系统的结构特点，使其功能导向有所改变。

微生态平衡理论应用于景观设计，不仅在于以生态和谐、生态平衡的理论为指导，使被设计的景观环境作为宏观生态环境中的一个有机的组成部分，与宏观系统之间形成共生、互补的平衡机制，同时，景观空间内部各个要素间基于微生态平衡的原理，也能够获得局部或区域的微生态系统平衡。从这个角度来看，获得微生态系统的平衡，是一个建构局部与整体、要素与系统之间动态的、开放性机制的过程，在这个过程中，微生态景观设计以其丰富的层次性和包容性以及变化多样的动态结构关系，形成了微生态景观设计的整体系统的功能目标与导向。

冬季微生态景观设计是指在人工景观设计营建的过程中，以全生命周期理论、生态美学和广义设计学为理论基础，运用现代热能转换原理，创造性地构建相应的热能转换技术和必要的设备装置，利用低碳环保的绿色能源，对人工景观中的建筑物、设施、植被等各要素之间进行系统化设计，人为地改变系统中能量流的流动路径，让能量按照人的主观设计方向流动，实现在冬季仍能呈现如同春天般景色的景观设计。

冬季微生态景观设计以人工景观的外围环境和景观内部的各要素以及穿过景观的能量为研究对象。它是在综合地理学、地质学、生态学、气候学、农学、建筑学、热能物理学、系统工程学、生态美学等学科知识的基础上建立的新型景观设计系统，是对传统景观设计在春、夏、秋三季景观设计向冬季景观设计的时空延伸，也是对当下冬季景观被动地顺从自然景观的能动性反映，同时也弥补了对人工景观全生命周期的关照。

2.2 冬季微生态景观设计的理论基础

2.2.1 自然景观中微生态差异现象的启示

地球表面的大部分地区温度都有季节变化，在中纬度低海拔地区变化最为明显。植物长期适应于一年中气候条件（主要是温度条件）的季节性变化，形成与此相适应的发育节律，称为物候现象。如大多数植物在春季开始发芽生长，继之出现花蕾；夏、秋季温度较高时开花、结实和果实成熟，秋末低温条件下落叶，进如休眠期。植物的器官（如芽、叶、花、果）受当地气候的影响，从形态上所显示的各种变化称为物候期或物候相。物候在海拔上的差异，从唐朝诗人白居易诗句"人间四月芳菲尽，山寺桃花始盛开"中可见一斑，桃花的始花期在庐山上要比山下推迟了约1个月的时间。

如果我们把研究的视角放置到局部或区域的冬季自然景观中会发现，由于气候或地理条件的原因，在不同纬度的地域条件下，所谓"冬季"的景观现象也自然不同：以北京和广州为例，两座城市同样处于北半球，每年的1月份同属冬季，而处于北方城市的北京1月份景观呈现出的是树叶凋零、草坪枯黄、水面冰封的一片萧瑟景象；而处于南方城市的广州与北京虽然经度基本一致，却是树木枝繁叶茂、鲜花盛开、如同春天，相对于北京呈现出"反季节"景观景色的面貌。另外，特殊的地理、地质原因也会出现"冬令春景"的自然现象，如有泉城美称的山东省省会济南，由于泉水流经石灰岩层地下河，水温常年18℃，使得济南的泉水和护城河水冬季不结冰，济南的这一水景也可称之为"冬令春景"（图2.1）。另外，由于空间纵向位置的不同在自然界中也会出现"冬令春景"或"夏令冬景"的现象，有些山地景观，在炎炎盛夏，山下的景观一片郁郁葱葱，而山顶却是白雪皑皑，一片冬季的面貌，如日本著名的富士山（图2.2）、我国新疆、西藏、云南、贵州、广西等省（自治区）的山区，从一个立面呈现出了四季景观，山下为夏，山上如冬，可谓"夏令冬景"。这种景象的与季节倒转的原因，皆源于外界（自然）对景观系统输入的热量不同而造成的差异。

自然界中客观存在冬季景观的丰富面貌，使我们对于冬季景观的概念能够破除一统化或一刀切的传统思维方式。对于人们司空见惯的差异性场景，以往人们注重的是被动地调整自己的行为以适应或寻求改变的方式，如，为了躲避北方城市冬季肃杀的环境，许多"候鸟"人群赶往南方城市避冬，或者在居室内种植绿色植物，以缓解

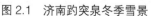

图 2.1　济南趵突泉冬季雪景　　　　图 2.2　日本富士山景观

窗外一片凋敝带来的负面心理感受等。然而，在与人们的工作和生活环境紧密相关的景观设计中，却采取了被动的态度，将冬季城市景观的肃杀和凋敝理所应当地接受下来。

　　然而，面对自然界中已经存在差异性冬季景观的现象，是否能够给予我们另外一个角度的启示：局部或区域地改善冬季景观的面貌，营造更好的环境质量，使身心获得更多的愉悦，其可行性和价值应当是毋庸置疑的。

2.2.2　全生命周期理论

　　"生命周期"（Life Cycle）本属于生物学的概念，泛指生物体从出生、成长到成熟、衰退以至死亡的全过程[46]。这一审视和评价生物体的概念，后逐步被广泛应用于政治、经济、技术、社会等诸多领域，从生物体的生命周期分析与评价，到构成生产系统的产品生命周期分析，及至以此为理论框架，对自然界和人类社会的各种事物与现象的变化规律和变化特征进行分析。

　　20世纪六七十年代是产品生命周期理论发展并盛行的时期。1966年，美国经济学家雷蒙德·菲农（Raymond Vernon）发表了《产品周期中的国际投资与国际贸易》，文中提出了著名的"产品生命周期理论"。他认为，产品与人的生命周期一样，是一个出生、成长、成熟、衰老和死亡的过程，产品的生命周期被划分为产品创始阶段、成熟阶段和标准化阶段，并结合投资与贸易的特性，系统分析了产品处于不同阶段时，产品的技术、生产、价格以及国内外市场的竞争变化状态[47]。20世纪70年代，可口可乐包装废弃物的全过程跟踪与定量研究，揭开了对产品从原材料采购使用到废弃物处置的生命周期评价研究；80年代，美国著名的"尿布事件"伴随着能源危机所带来的社会震动，引发了社会对产品废弃物处理与能源消耗之间取舍的争论和评估，由此开始，生命周期理论由产品的生产、销售领域进入到环境综合评价以及生态环境保护领域的研究视野。

1990年，国际环境毒理学和化学学会举办了首期生命周期评价的国际研讨会，并推动欧美国家制定并推行生命周期评价的相关政策和法规，将产品生命周期看作是一个系统的完整的阶段，从原材料的采掘、提取，加工及生产过程，到包装、运输、销售、使用、消费、维护、维修和再使用、再循环一直到最终的废弃物处置和管理，全面评估产品各个阶段中对环境带来的影响，评估在资源消耗、人类健康与生态后面三个层面的影响，并制定了相关评价标准。1997年以后，国际标准化组织连续发布了关于生命周期评价（Life Cycle Assessment，LCA）的相关标准和应用范例，为生命周期评价界定了国际通用的标准体系。

将全生命周期理论运用到冬季微生态景观设计之中，基于以下三个层面的思考：

（1）延伸至冬季的全生命周期关照。究其本意，全生命周期的首要概念在于对生物体的完整生命过程的解读和尊重。春夏秋冬的四季轮回，带来不一样的生命感受。在诸多文化传统中，冬季隐喻着衰退或死亡，生命至此走向终点。任何事物都有着从诞生到死亡的生命周期。在尊重的前提下，不间断地提升生命循环是生态观的最高理想和最大的普适价值。冬季微生态景观设计在城市景观的局部范围内，对传统的冬季景观进行了生命活力的修复与再造，使春夏秋冬四季景观在岁岁年年的轮回中，得到全生命周期的关照。从此，冬季景观不再死寂，而是焕发了新生。这不仅大大降低了城市冬季人工景观的运营成本，更是展现了景观对于人们心理与生理的关怀，让自然景观在冬季、在与人紧密联系的环境中得以焕发，而且唤醒了人们对于生命活力的敬仰与追求，使得人的情感与景观之美在形而上的精神巅峰相聚。

（2）景观全生命周期的生态设计。从环境生态学的角度，自景观规划设计之初，便将全生命周期的理论和评价方式纳入其中，以对环境影响最小化为目标，全面系统地考虑微生态景观的各个要素从原材料到加工、运营再到维护、拆除全过程的生态诊断与辨识，尽可能营造健康、低耗、无害、舒适的景观环境；因地制宜，将局部的景观与当地的自然条件和自然环境有机地结合起来，充分利用适宜的地形、地貌，当地有特色而适宜的植被和水系，全面考虑当地的气候特点与周边建筑、设施的关系，尽可能减少对自然环境的负面影响，减少对生态环境的破坏。同时，注重人文生态的塑造，了解当地的文化传统，尤其是蕴含当地生存智慧的传统技术，加以拓展、延伸以及改造成为景观设计的技术来源，强化文脉传承以及技术传承的人文生态特征。另外，营造舒适和健康的景观环境也是改善生活质量，满足人们的审美需求，提高工作效率和健康水平的有效途径，这从另一个角度实现了景观设计人性化的设计目标。

（3）全生命周期的景观设计分析方法与管理方法。全生命周期评价被认为是 21 世纪最具潜力的符合可持续发展目标的环境保护工具，同时也是可持续发展的度量方式和技术保障。作为一种科学的环境评价与管理方法，全生命周期理论要求通过优良的设计和管理，最大限度地提高资源的利用效率，因地制宜地选择当地的材料，合理利用当地的各种资源，优化配置，提高或延长景观设施的使用寿命，并于规划设计之初便综合评估拆除之后的可循环、可再生材料的使用方式，使景观成为一个能够实现自循环的微小生态环，完成自身在全生命周期内的可持续发展要求。

2.2.3 生态美学理论

生态学与美学的融合形成了以生态学为基础的美学研究新方向，诞生了生态美学的相关理论，并指导着生态建设和实践。生态美学诞生于后现代社会日趋严峻的生态危机的语境下，按照"深层生态

学"的提出者挪威著名哲学家阿恩·纳什（Arne Naess）的理论，生态危机的实质根源在于现代社会的生存危机和文化危机，是社会结构和人类的价值体系出现的问题，导致了人与自然关系上的失误[48]。因此，深层生态学以"生态自我"的概念，区别于以往孤立地界定"自我"以及社会学中以个人为中心的"自我"概念，强调作为人类共同体和自然共同体之中的自我实现，强调个体与他人，个体与自然界中其他存在物之间的关系和利益共同体的整体原则。换句话说，便是实现了由个体本位向类本位的价值观和伦理观的转变。

深层生态学的另一个重要思想是"生态中心平等主义"，认为生物圈中的所有存在者的内在价值是平等的，作为整体的一个不可分割的组成部分，其生存、繁衍、实现自我的权利是相同的，也是不可剥夺的。深层生态学为生态美学的发展奠定了重要的哲学基础，20 世纪 80 年代以来，美学与文学理论研究从之前关注文学艺术形式与审美特性的探讨，逐步转向对当下政治、经济、社会、文化等的反思与批评，尤其是制度、性别、阶级、种族、身份等问题，新的研究视角预示了美学开始更多地关注人类的生存与命运，关注人与自然在新的生态哲学基础上的美学思考。

生态哲学认为，自然本身具有有机性、整体性和综合性。自然界中的一切事物之间相互依存、相互包含的共生共存关系构成了有机的整体，人与其他生物一样存在于这个复杂而动态的关系网中，并获得自身的生存环境。同时，这个系统保持着整体性的动态平衡，其自组织的进化功能不是以某个个体生命的存亡与否为中心，而是一个整体系统的生生不息的衍生与发展，这种整体的、圆融关系的最高境界，与美学所追求的协调和谐相一致，从而影响到美学融入生态学并获得自身价值的过程。

法国学者 J-M. 费里曾对未来环境的整体化提出过美好的设想，他认为，美学应比政治和应用科学更具有值得期待的价值[49]。我国深层生态美学学者曾繁仁[50]也提出，广义的生态美学"是在后现代语境下以崭新的生态世界观为指导，以探索人与自然的审美关系为出发点，涉及社会、人与宇宙以及人与自身等多个审美关系，最后落脚到改善人类当下的非美的存在状态，建立起一种符合生态规律的审美的存在状态，这是一种人与自然、社会达到动态平衡、和谐一致地处于生态审美的崭新的生态存在论美学观。"

以生态美学理论作为"冬令春景——微生态景观设计理论与应用研究"课题（以下简称"冬令春景课题"）研究的理论基础，基于以下几个层面的思考：

（1）生态美学将"和谐"视为美学的最高境界。这里的"和谐"不仅包含着我国古典美学中道家的"师法自然""天人合一"以及禅宗"因缘和合、变动不居"的美学态度，于人与自然的和谐共融中，获得精神境界的审美自由，如郭熙所言："春山烟云连绵，人欣欣；夏山嘉木繁阴，人坦坦；秋山明净摇落，人肃肃；冬山昏霾黯塞，人寂寂。看此画令人生此意，如真在此山中，此画之景外意也。[51]"同时，尊重所有生命的存在和延续，尊重生命存在所构成的互为依存的系统性和整体性，追求立足于实践哲学基础上的"现实的和谐"，使曾经仅存在于精神境界中的审美理想在现实中得到展现。

这种观念，为冬季微生态景观设计的美学追求提供了重要的理论依据。基于营造自然景观与人工景观和谐共融的美学原则，充分利用当地的自然条件，对气候、地质、植被、水系的自然状态进行深入细致的分析研究，取其之长，将人工景观有机地纳入其中，不张扬，不突兀，于潜移默化中为人们提供将自然与人工美和谐交融的美学享受。

（2）生态美学的"生态整体主义立场"。这种立场使得微生态景观设计中的任何一个要素都得到充分的尊重，人作为其中的一个要素，与周围所有的存在物共同构成了一个具有密切关联性的整体。居于其中，因关联而产生归属感和共鸣，因整体而得到对自身生命以及他者生命的共生体验，从而获得肯定生命、赞扬生命的审美愉悦。

同时，处于其中的人的感官系统，在可游、可视、可嗅、可触的通感体验中，以各感知器官所获得的不同感受，凝聚升华为人的整体的共鸣与享受。存在于景观中的非人事物，其内在价值与权利在共生的关系环境中，自在地展现自己，使作为审美主体的人在互

动的审美关系中融入对共有的生命价值的认同。正如宋代山水画家郭熙所言"山水有可行者，有可望者，有可避者，有可居者"，"可行可望不如可居可游为之得"。具有全方位关照身临其境的感受，是一种立体的审美享受，也是景观环境、自然环境与人的审美心境合而为一的最高审美境界。

（3）生态美学不仅关注人与自然的和谐，也更加注重人与人以及人自身的文化形态。由此在冬季微生态景观设计中，纳入了人文生态的景观元素的塑造，使得人的社会性、文化性得以延续，将沿袭下来的文化基因，通过景观中的符号、形式、材质、工艺等元素的展现，与人们的记忆和想象有机地结合在一起，成为人们获得文化归属感的领地。

同时，在冬季微生态景观设计中融入的低技术因素，使得基于当地生存智慧的成熟的传统技术方式得到展现。作为地域文化的重要组成部分，对传统技术的阐释和应用，能够给景观设计带来更加丰富的文化内涵，体现对人类共同文化传统的尊重。

2.2.4　广义设计学理论

随着社会经济文化建设的发展，设计学科本身具有的边缘性和交叉性学科特质，在新的发展条件下，呈现出崭新的整合趋向。这种整合来自更高层面的发展需求，是面对日益复杂化、日益综合性的社会问题而形成的学科自觉和更新状态，从而打破了以往学科单一而纵深发展的局限，尤其是由于设计学科孕育并诞生于美术的土壤，多年来，局部而单纯地追求设计对象的形式美、装饰美以及修饰美，所涉及的技术、材料、工艺等问题，在学科自身领域中难以得到真正的解决，艺术与科学的交融难以得到真正的实现 [52]。

广义设计学打破当前狭义观念下的设计理论、设计教育及设计实践对设计知识条块分割的状态，模糊、跨越现有语境下的设计界限，带领人们从整体的视野、多维的角度看待设计，帮助人们抓住设计的"创造性"本质，从更广泛的角度寻找解决设计问题的方法，扩展了我们看待设计的视界。由此一来，在广义设计学的语境下，设计知识的宽度与深度也变得空前宏大起来。从某种意义上讲，任何一种知识都有可能触发设计创意的诞生，任何一种知识都有可能为设计目标的实现提供途径。

广义设计学认为设计领域并不仅仅是工程设计、艺术设计、建筑设计、机械设计等等被加以定语的具体技术性活动，从广度上说，设计领域几乎涉及人类一切有目的的创造性活动。因此，"广义设计"是超越了为某一具体目的而进行的技术活动，是对广泛意义上的人类创造性活动的总称。与狭义设计相比，广义设计具有以下特征：

（1）广义设计的目标是建立人与自然、人与社会、人与人之间合理的全新的结合点，从而使之达到高度的和谐统一，而不是局部的、顾此失彼的权宜谋划与实施，更不是单纯地为了商业的或某一利益集团的目的而进行的具体设计。

（2）广义设计以整合人类已有自然科学与社会科学成果为基础，始终牢牢把握创新作为其本质开展活动。它对已有的成果采取包容性的态度，寻找其中科学、合理的成分加以整理吸收，实现质变性的创造。

（3）广义设计是一套观念性创新体系，其价值观和方法论能够成为指导具体化设计的重要依据，并且其本身并非是具体的技术实施手段和工作技巧。

（4）广义设计的适用范畴与狭义设计相比更加宽泛，可以被广泛应用于人类创造性劳动之中，不仅适用于物质产品的创造，同样也适用于精神产品的创造。

广义设计是发展的理论体系，它将随着地球物理环境与人类心智的变化而作出动态的有机调整，以实现人与自然、人与社会、人与人之间和谐的目标。

冬令春景课题研究以广义设计学理论为指导，在冬季微生态景观设计中，试图跨越学科间的人为局限，以达到人与自然、人与人的共生和谐为目标，以局部地解决冬季北方城市的景观样态为基础，探索性地融合地理学、气候学、植物学、热能物理学、

景观学和设计学的研究成果，建构基于区域、局部的微小景观生态环境的自系统营造，并纳入生态美学中对人文生态的要求，达成微生态人工景观的物化系统功能与微生态人文景观的精神功能和谐共生的设计目标。

2.3　冬季微生态景观设计的方法基础

2.3.1　转化原理

转化，是利用可利用的现有条件及外部环境条件，顺应自然，因势利导地调节、转变景观设计中的某种要素，使之能够向着既定的设计目标转化发展的一种方法。在这里，顺势而为，借力打力，因势利导是其核心；达成景观设计的系统功能目标是其原则。

在冬季微生态景观设计中，比较突出的是能量的转化。这种转化，不是单纯地以消耗或增加投入为手段，也不是以强制性地增加某种外力为前提，而是需要更加深入细致地分析研究已经存在于环境之中的各种因素，将其优势的、可利用的甚至是负面的各种已知条件，加以顺势利用或转化引导，使之成为景观设计中的有利条件。

2.3.2　循环原理

循环原理是对冬季微生态景观设计系统内外多重要素之间相互关系的界定。各种要素在系统内外形成的循环往复、充分利用以及内、外部因素构建起的链接、交互的关系，使提高资源利用率，改善景观环境成为可能。其中，包括"系统内物质的循环再生，能量的多重利用，时间上的生命周期、气候周期等物理上的循环以及信息反馈、关系网络、因果报应等事理上的循环。"[53]

生态主义思想中，"循环"不仅是对环境中各种因素之间关系的认识方式，从这一角度来说，它首先肯定了来自自然的环境与生物之间系统自循环的规律性和积极意义，为我们以往单纯地二元化认识自然系统，评价系统中各要素的价值奠定了新的循环认识的思维模式；同时，也成为塑造、建设景观环境的一种重要的方法基础,即以实现不同尺度系统内循环的和谐与"闭环"为目标,以追求各个内循环系统与外部系统的大循环平衡为前提,以达成整体环境系统的和谐和平衡。

2.3.3 共生原理

差异性的多样共存是共生原理的基本要求,在系统内的各要素合作共存、互惠互利,结构、功能和利用方面的多样性越丰富,其共生关系越强烈,带给整体系统的效率也就越高。因此,多样共存首先体现在共生者之间的差异性指标上,其次在于共生者之间关系选配,互为因果,互为补充的结构方式,能够使各个个体在系统的整体存在中,获得节约和自循环路径,从而使系统获得更多重的效益。

对于冬季微生态景观设计体系而言,共生原理的运用要求我们在认识层面上,应尊重当地能够发现和发掘的一切因素,充分分析它们之间的结构关系,理解并运用本生状态下各元素之间所形成的共生体系,而不是简单地以主观好恶来评价和取舍,或者主观地以一套固定模式取代当地的共生系统。同时,以生态和谐为目标,适当地调配元素之间的比例和结构关系,把握差异性指标与多样性配置的要求。

2.3.4 因地制宜原理

因地制宜是对当地自然条件和人文条件共同考量的一种基本要求。当地的资源、气候、植被、水系以及当地的文化传统、技术传统以及生活习俗方面的信息和内容,都应当纳入冬季微生态景观设计的研究视野,也成为整体系统中不同层级的要素。地域的差异性必然带来景观设计效果的差异性,也成为塑造微生态景观个性和特色的有效方式。

从另一个层面来说,因地制宜本身便是形成差异和个性特质的重要基础。相对于千人一面的城市景观设计,差异性和个性已经逐步为人们所重视,在基本的发展条件形成的基础上,能够获得人们的文化共鸣与审美认同的设计目标,与地域文化的传承创新已经建立起了密切的关系;同时,因地制宜原理也充分体现了对生态主义思想的运用，尊重不同的自然条件所形成的不同的生态自然环境以及生态人文特性，并将其有机地结合新的设计要求，纳入到景观设计的过程中，形成体现当地自然特色的景观生态面貌，是冬季微生态景观设计所把握的重要的方法基础。

2.4 冬季微生态景观设计的实践基础

2.4.1 相关冬植技术的历史传承与沿革

自古以来，人们为了摆脱严冬季节无法进行农业生产的困境，就进行了各种探索和实践，为人类的生存和发展以及科技的进步留下了宝贵的精神财富。如今我们在冬季仍然能够吃到各类的新鲜水果和蔬菜，完全得益于温室种植产业的兴起和发达。

在我国古代，虽然以"春生、夏长、秋收、冬藏"的宇宙本体论大行其道，但从人类自身生存乃至位高权重者的奢靡需求出发，对于冬季种植技术的探索一直就没有停止过。据文献记载最早的冬季温室种植可以追溯到秦代。据《大不列颠百科全书》记载，欧洲最早的"绿色房屋"温室栽培技术出现在 17 世纪；1830—1840 年间，日本拥有了温室栽培技术，由于当时使用油纸覆盖形成温室，故称"纸屋"；而美国直到 19 世纪末才出现类似的温室栽培。因此，我国的冬季温室栽培技术领先世界 1700 多年 [54]。

关于秦代就有冬季温室种植的信息记载在《诏定古文关书序》中，是两汉之际的学者卫宏所著："秦即焚书，恐天下不从所改更法，而诸生到者拜为郎，前后七百人，乃密种瓜于骊山陵谷中温处。瓜实成，诏博士诸生说之，人人不同，乃令就视之。为伏机，诸生贤儒皆至焉，方相难不决，因发机，从上填之以土，皆压，终乃无声。"文中"密种瓜于骊山陵谷中温处"就说明了秦代的先民已经开始尝试利用供给植物（瓜）以热量（温处）使其正常生长的"温室"技术。唐代颜师古的《汉书·儒林传》注释对"骊山陵谷中温处"进行了考证和认同，直到今天，西安市临潼区骊山镇西南的洪庆村尚有温泉，水温可达 42℃。这进一步说明了在冬季给予植物以能够生长的热量，尽管不是植物自然生长的季节同样可以使其生长。

《盐铁论·散不足》上记载，在公元前80年左右的汉昭帝时期，达官贵人家里就可以享受有"冬葵温韭"。这就是说那个时代有一部分富人已经能够吃到温室栽培出来的蔬菜。另据《汉书·循吏传》所载"太官园种冬生葱韭、菜茹，覆以屋庑，昼夜燃蕴火，待温气乃生"，说明那时已经建立了独立的房屋，冬季靠烧火增加室内温度进行蔬菜种植，温室的农产品成为贡品，供给上层贵族享用。而在东晋时期的王嘉《拾遗记》中，西汉末年的汉哀帝不仅以"四时之房"栽培奇花异木，更是豢养珍禽异兽，易地异地，易时异时，可谓奢靡，却是当时反季节种植技术的真实写照。关于这种技术的具体形式和使用方式，在《后汉书》邓太后的一道诏令中提到"或郁养强熟，或穿凿萌芽"的方法[55]。"郁养强熟"类似于北方冬季使用的火炕，在地下掏造送火道加温，使温室内的温度提高，促进植物生长；"穿凿萌芽"则与今天的阳畦（或称洞坑）、冷床近似，利用风障土坑内的温度较高，进行早春育苗，成本低廉，沿用至今。

至唐代，冬季种植技术也在延续，而且所记地点与前文所述西安临潼地区相符，说明该地区利用温泉技术种瓜的种植技术直到唐代仍有传承。最为著名的民间传说是武则天与牡丹仙子的故事，武则天曾下令百花在严冬时节怒放以为其庆贺称帝，百花皆惧而应令盛开，只有牡丹不从。武则天遂贬牡丹去洛阳。这虽是个传说，但也说明人们对于除了牡丹以外的花卉冬季种植技术已经掌握，而牡丹的生长规律与热能的关系还没有被掌握。牡丹移植于洛阳的原因是技术问题，而非"性格不畏强暴，违命不尊"。到了南宋时期，花农施用"唐花术"，已经可以使牡丹在寒冬腊月也能绽放了，这说明南宋时期的冬季栽培技术与唐代相比又获得了很大的进步。

到宋元时期，黄化栽培和唐花技术已经成为温室栽培的两项创新技术。苏东坡笔下的"青蒿黄韭试春盘"中，"黄韭"便是原本绿色的韭菜经过黄化栽培的产物。关于这项技术，元代《王祯农书》中有详细的记载："至冬，移（韭）根藏于地屋荫中，培以马粪，暖而即长，高可尺许，不见风日，其叶黄嫩，谓之韭黄。比常韭易利

数倍，北方甚珍之。"在这里，马粪成为热量提供的主要来源[56]。在20世纪70年代，笔者就曾见到济南郊区菜农在冬季菜地里的向阳处，用草苫子覆盖种植韭黄的场景。

经过劳动人民不断积累经验，技术不断改造创新。南宋时期的"唐花术"是采用人工控制的方法，在栽培、发育、开花等环节进行调节，据宋代周密《齐东野语》记载："凡花之早放者，名曰堂花。其法以纸饰密室，凿地作坎，缠竹置花其上，粪之以牛溲、马尿、硫黄，尽培溉之法，然后置沸汤于坎中，少候，汤气熏蒸，则扇之以微风，盎然盛春融淑之气，经宿则花放矣。若牡丹、梅、桃之类，无不然。……余向留东西马塍甚久，亲闻老圃之言如此。"纸饰密室、粪培气蒸、地暖光照，可谓借助了能够利用的一切手段，构成立体交织的全天候、全方位网络，使花卉的生长、开花完全置于人工的操控之中。

到明清时期，温室栽培技术已经纳入到正常的农业生产活动中。明代北京右安门外南十里的草桥已经是"唐花之乡"了，这在学者刘侗、于奕正合著的《帝京景物略》中已有记载。所谓四时瓜果，隆冬之际，皆有之。这时，以往积累的种种冬植技术已经形成了三种基本样式：第一种是较为常见的简易地窖，因地下温度较地面温度高而能够提供保温，或加以马粪提供的热量来保证蔬菜的生长；第二种是在地窖中加设火道，可以烧火加温，提高温度；第三种是立土墙开纸窗的火暄式温室，于朝阳的南面增设油纸斜窗，其他几面则土墙挡风，使太阳光照与温室成为一体。

进入现代社会以来，设施农业成为反季节种植的主要方式。设施园艺在冬季利用保温、防寒或在夏季利用降温、防雨等设施或设备，营造出适宜生长的小气候环境，给人们带来了丰富多彩的观赏植物和多种多样的食材，大大提高了人们的物质生活水平，提升了人们的精神面貌（图2.3、图2.4）。另外，为了防止偶然寒冷天气对农作物的伤害，保持地温提升作物生长的热量，中国科学院地理研究所曾于20世纪70年代初研制发明"土面增温剂"[57]，喷洒于土面形成一层化学覆盖膜，以起到保蓄水分和提高土温的作用。该技术成果于1979年获中国国家发明四等奖。

图 2.3 济南市商河县设施农业园实景 1

图 2.4 济南市商河县设施农业园实景 2

由此可知，设施农业通过独立的相对封闭的状态，为植物的生长提供了热量和适宜的温度，能够使植物在隆冬季节继续生长，是人类的一大创举，从某种意义上也算是实现了“冬令”出“春景”的效果，但是，如果想看到绿色植物的状态需要到塑料大棚或者温室中才能看到。“地面增温剂”虽然可以实现无遮罩保持地温，但终究是化学制剂，难以符合生态要求。因此，这些方式都无法直接移植应用到景观设计中，景观不可能用设施的方式来表达，否则将失去景观的真实意义。

2.4.2 “适宜性”低技术的支撑

冬季微生态景观设计系统以低技术理念为技术支撑，强调“适宜性技术”的技术选择原则。“低技术”是相对于“高新技术”而言的一种指导思想和技术理念，它不单指某一项技术，而是广义上包含着操作简单、成本低廉、绿色低碳、使用便利、开源节流、性价比高等特点的技术概括和技术统称。何人可等[58]强调了低技术是根植于广大民众的日常生活，为民众所研发并掌握的成熟的或者是传统的技术。它们因地制宜，具有典型的地域特征，承载着地域文化、习俗、生存智慧的丰富内涵，对设计的生态化、可持续发展有着重要的意义。他们提出基于低技术的可持续设计要求设计师“充分了解设计环境的区域特征，包括地理、经济、环境、文化等，使用低成本的易于普及的技术，充分利用有限资源，维持当地的经济、社会和环境的可持续发展”。

在现代科技高速发展的今天，由于高新技术在利益上可以产生高经济附加值，在政治可以取得威慑恫吓的作用力，高新技术一时

成为时代的宠儿而被极力地推崇。社会各领域充斥着对高新技术的盲目崇拜，在功利思想的驱动下盲目引进使用某些所谓的"高新技术"，而完全不顾这些高新技术成本的高昂、维护的复杂以及技术本身生命周期的内在缺陷，为现实带来许多难以解决的技术隐患与祸端。而"低技术"理念所包含的技术内容，可以从以下三个层面来考虑：

（1）随着时间的推移，"高"技术会逐步转变为"低"技术，"新"技术会变成"旧"技术，技术本身的时间属性为微生态景观设计的技术选择提供了两个益处：一是"高技术"的高成本会随着时间的推移，技术本身和材料价格会降低，而其对"微生态景观"的高性能和高效益却依然存在，如太阳能光伏技术和产品已经从"高技术"成为了"低技术"，微生态景观选择这样的"高技术"可以大大降低成本；二是"新技术"也会随着时间的推移得到实践的验证并被广泛应用，逐步成为普及的技术，其生态效应也会随之逐步展现并更加具有安全性。因此，微生态景观设计的技术原则并不排斥"高新技术"，而是具体问题具体分析、动态地选择适宜性技术来高效地实现设计目标。

（2）"低技术"理念中所包含的技术内容，是对传统文明中人类历经千百年发展而成的技术智慧的尊重与借鉴。如前文所述，在中国古代便已出现"冬季温室种植"技术，至今依然保持着逐步改进、改良的继承与沿用，虽然相对于今天的高新技术而言，这些通常被认为是落后的、应被淘汰的，或者具有负效应的技术，但其中所蕴含的技术智慧是值得我们借鉴并转化的。

（3）低技术理念也蕴含着对自然天成的技术路径的尊重。大自然以其多样共生、循环圆融的自在系统，为我们提供了不依赖高技术而获得各种要素间相谐共融、互为因果的关系链条网络，使人们能够从生物间的关系认识到达成协调系统的技术路径与构架形态，从这一角度来说，低技术理念中所包含的技术内容，更加倾向于对自然存在的技术路径的系统认知。

因此，微生态景观设计旗帜鲜明地宣导低技术理念，作为一种指导思想，而非一味局限于技术本身的求低、求旧、求便宜。在符合生态原则的前提下，严格地讲技术并无高低新旧之分，只要是适宜性的，都可以为微生态景观设计所用，其中"适宜性"为其核心。

2.5　冬季微生态景观设计的意义与价值

2.5.1　基于审美需求的心理学意义

生命呼唤绿色，绿色是生态文明社会的重要标志。人们把绿色作为人类与环境相互有益而无害的代名词。绿色也是勃勃生机的象征，清代左宗棠在陕西任职时"新栽杨柳三千里，引得春风度玉关"，绿色让萧瑟沉闷的荒漠景观幻化出了春的生机。

人类的进化脱胎于自然。人类进入城市化生活的时间仅有不到几百年。从原始人类诞生到开始直立身躯傲视别类，揖别动物界踏上自主意识的生存之路，始终没有断开与大自然的联系。几万年前森林的生活，不论是山地狩猎、采集植物果实，抑或是刀耕火种的原始耕耘，对自然的依赖与归属心理从未消失。长达数十万年的心理基因沉淀，让人类对自然的渴望、亲切、归属、认同、温存之感化为一直本能的心理状态。大自然连绵不断的山脉丘陵、树木草地、江河湖泊、沼泽泥淖、蓝天白云、花鸟虫鱼、微风烈日都成为深埋在人类心田的秀美景色。在距今 3000～5000 年的农业生产与生活中，人们都没有离开与自然界的惜惜相依。水是生命之源，绿色植物是食物之源，人类对其有着先天的生理向往倾向，因为这与人的生存息息相关。

每每看到绿色的植被或清澈的水源，在人的心理上便会产生自我存在、追求美好、焕发生机的梦幻般的感受。因此，在人类的进化过程中，从心理上对源自自然的洁净水和绿色植被有着强烈的归属意识。对于人类心理本能上对于自然绿色与水源的偏好特征，现代心理学创造了许多绿色疗法，帮助那些在生活中长期压抑和疲惫的人们重新获得自然的温存，康复其心志的缺损，重获健康的身心[59]。在现代医疗中也经常采用类似模拟自然的抽象模式寻求对病人康复方法。通过医疗工作者的实践发现：人在绿色环境下康复的速度和效果更快、更好。绿色是一种奇妙的心理镇静剂。心理学的实证研究认为，人处于绿色环境中时其生理指标也能够发生变化，如皮肤

的温度、血压降低，呼吸频率减缓，从而减轻心脏负担。绿色能缓和心理紧张，使人安静，为人们营造一种和睦融洽的氛围。

对于逐渐远离自然的人类，原本是生命中那部分的生存环境记忆，在人的心底产生了神奇的心理发酵功能，人从哪里来？心理基因深处的记忆逐渐模糊的同时，内在神往的渴求动力在心理上又以梦幻的手法进行了弥补与再造，神话式的构想从主体意识的膨胀变为向往中的图景。在人们梦想中的花园里，绿色葱茏的植物掩映着别致精美的亭台楼榭，花丛中的假山溪水潺潺，形态优美的喷泉和雕塑将人工的建造与自然的美景幻化为一体，为自古以来的人们所向往。

于是，人工景观是运用人工的手段再现自然的一种载体。自然中的山山水水、树木植被、湖泊溪流通过人类主观组合的方式集中在一起，这种再现活动本身就是对人类归属自然感的一种追求，是对城市环境缺陷的弥补，是在心理上获得自我存在和精神寄托的一种物化[60]。人工景观是自然景观的替代品和提炼品，其最重要的功能不是生产而是生活，不是温饱式的生活，而是源自最本能的却是最顶级的心理慰藉式的、如梦如幻式的艺术生活。中外历史上的造园活动均是源自这种心理取向的驱动。

寒冷的北方冬季对于人类来说是残酷的。树木枝叶凋落，芳草不再青青，水面一片冰封，山锈了，水木了，鸟儿飞走了，昆虫不见了，大地昏睡的沉寂让人畏缩在厚重的棉衣里，一切都变得毫无生气。大地消沉了，城市消沉了，人也消沉了。冬季给予人类的心理感受是沉闷、压抑、萧瑟和趋于死亡般的平静。据统计，每年冬季都是世界各国各种疾病死亡的高发期，除了气候寒冷造成的客观原因外，病人主观心理的作用也是相当大的。

如果在寒冷的冬季人们仍然能够欣赏到碧绿的青草，潺潺的流水，人们一定会心驰神往，心怡于那神话般的仙境。北方城市的冬季微生态景观设计系统旨在打造一个在冬季仍能满眼"春色"的景观效果，自然草木发出的绿色是"春色"最好的代言之一，尽管这种人工景观的范围对于城市而言是局部的，但对于身处隆冬季节的人们来说，这种"春意"也会让人们的心理产生活力的跃动，能够为人们在冬季带来全新的、活力的、积极向上的心理体验与感受，更好地增进人们的物质与文化生活水平。

2.5.2 基于环保功能的生态学意义

树木、草坪、山水、建筑、土壤、气候等是生态系统的构成要素，植被和水系是生态系统中的重要组成部分，其存在状态与景色效果对于生态系统的存在状态和效果有着直接而重要的影响。没有植被的生态系统是不完整的，没有光合作用的冬季植被是功能缺失的。北方城市冬季景观之所以会与南方地区有着巨大的差别，与冬季植被处于休眠状态有着直接关系。北方城市的冬季微生态景观设计系统要实现的冬季草坪常绿、水体常流的效果，是由于人对自然的能动性而采取的积极反应，对于景观生态有着积极的意义。

在当今环境污染日趋严重的情况下，特别是近年来冬季雾霾天气的增多，使我国政府不得不出重拳来防止空气污染问题。在防治措施中，一方面，要竭力控制污染源以减少污染蔓延；另一方面，应加强对冬季防治环境污染植物品种的选育和"适宜性"植物常绿技术的研发，发挥以植物改善并调节局部区域微气候的能力，同时达到净化有毒有害气体、净化土壤和水源，减低噪声与粉尘污染的功效[61]。由于这种治理、改善与美化环境的方式来自天然的植物和水体的自然变化，因此，对于生态环境建设有着更为积极的意义。

冬季草坪常绿、水体液态化景观技术的研究，其目标是"虽由人工，宛如天成"，这不仅可以取得人为技术实现自然之"美"的景观效果，同时又对冬季生态系统的改造与提升取得良好的效果。对于改善景观内各要素之间的关系起到重要的关联效益，对于生态系统的冬季维护保养与建设有着至关重要的意义。

2.5.3 基于综合效益的经济学意义

我们以冬季微生态景观设计系统中的草坪研究为例，我国的草坪业与发达国家相比有着巨大的产业发展空间，从市场需求量角度来看，我国城镇户均草坪的拥有量是美国20世纪90年代户均草坪拥有量的

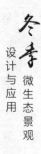

1/80，这就预示着这一产业蕴藏的巨大经济价值[62]。发展冬季草坪常绿工程，不仅可以增加该产业的经济效益净值，还可以带动工程、技术、生产资料、劳动力就业、信息和物流等行业的综合经济效益。

在增加氧气供应，降低碳排放的综合效益方面，冬季草坪常绿、水体液态化也具有很大的经济意义。在不增加草坪面积的前提下，如果在冬季实现草坪常绿，每年可以取得 3 ~ 4 个月的碳汇收入。这与不实施冬季微生态景观设计的草坪相比，增加了 25% 的净收益。

实现冬季微生态景观设计可以带动环境经济的综合发展，其服务功能还可以形成自然资本的能流、物流和信息流，当这些功能流与人为资本的现金流相结合时就能显现出巨大的经济效益。例如原本一处冬季凋敝的公园，游客寥寥无几，但是如果实现冬季微生态景观的效果，公园经营者和旅行社可以利用这一概念进行旅游营销，不仅是门票，其他如餐饮、旅游纪念品等综合收益都会大大提升，从经济效应、社会效应和品牌效应获得极大的回报。

从治理环境污染角度来看，相对于物理、化学、生物等方式，用植物和水体净化大气环境是一种经济高效的措施，这种方式的可贵之处在于低成本、低技术、普世价值高。另外，冬季微生态景观带给人们的心理愉悦、情景美感、身心健康、情操熏陶等经济附加值是难于计算的，或者说与投入相比是无法估量的经济回报。因此，景观实现冬季微生态景观设计具有非常巨大的经济意义。

2.5.4　基于环境优化的美学意义

（1）冬季微生态景观设计中的景观水体技术，实现了自然美与艺术美的有机统一。作为景观的水体，其本质的自然属性并未因为景观生态技术的介入而改变，改变的只是它的物理状态，从原本是固态的冰变为液态的水，这一变化本身就具有技术之美，开创了环境工程美学的新篇章，同时，在冬季实现了反季节水体的状态，加上人工设施的设计，其艺术美被全新阐释。

（2）景观水体技术又实现了实用性和艺术性相统一。水的液态化改善了微环境的微气候，使空气湿度加大，温度升高，液体水的自身黏合作用吸附了空气中的尘埃，这些都源于水体技术的发挥；同时，在寒冷的冬季，让人们看到一汪水景，暖意倍增，使人体验到冬季的另外一番精致，让人从游、观、听、嗅、触、思、情等多方面获得审美信息，具有"全方位关照"的立体审美特征。

（3）冬季微生态景观设计中的景观水体技术局部美与整体美、静态美与动态美相统一。与整个景观环境相比，景观水体是局部的，就其自身而言则是整体的。对于冬季的风和游走的人而言，景观水体是静止的，但对于其自身的另一形态——冰而言，它是动态的。景观水体由此实现了四态之美。

（4）冬季微生态景观设计中的景观水体技术创造了有意味的形式。《周礼·考工记》中说："天有时，地有气，材有美，工有巧，合此四者，然后可为良。"这种形上追道，道下成形，本身就是一种"造美原则"。景观生态水体是水文化的一个缩影，冬季水体的液态化，以流动的、生命的蕴含蓬勃活力的直观形象带给人们力量与生命动力的美。

（5）冬季微生态景观设计中的景观水体技术创造了意境美。"立象以尽意"和"境生于象外"，给了人们无限的遐想空间，人们既能够看到自然环境水体的"冰盖如镜"，又可以看到"绿水微波"；既感慨于大自然之雄浑豪迈，又喟叹于人力之巧夺天工。在当今新时期，与以往任何一个时代一样，意境美始终是环境美学的最高境界，它所呈现的丰富的包容性与多元化发展趋向，能够充分反映新时代人们的审美需求。

2.5.5　基于观念更新的设计学意义

（1）冬季微生态景观设计中景观草坪常绿技术和水体液态化技术具有设计方法的变革意义。景观设计本身不仅是一门设计技术，而且还包含了多种技术的组合。传统的景观设计方法更多的是关注于景观的形式美感技术和设计表现技术，对于景观构成要素之间的技术组合缺乏了解和掌握，更没有主动地去为实现景观设计目标而开发新的技术措施。冬季微生态景观技术填补了景观设计方法在能源与植被之间的技术空白，也使景观设计方法朝着纵深前进了一大步，弥补了景观设计冬季阶段的缺失，实现了景

观全生命周期的完整轮回。

（2）冬季微生态景观设计系统具有设计价值观念的变革意义。冬季景观就应该是白雪皑皑、草木枯黄的景观价值观念从此被颠覆，设计师在自然面前被动无为，似乎没有机会发挥能动性的局面扭转。在以往的设计理论和实践中，人们理所当然地认为冬季景观就应该是草木枯黄一片死寂，固守在"千山鸟飞绝，万径人踪灭"的图景之中，对于景观中的生命麻木不仁，置若罔闻，而草坪冬绿技术对于生态环境的改造和提升则具有巨大的内在生态价值。同时，冬季微生态景观设计系统使得景观设计活动具有了对景观本身，特别是生物景观全生命周期的关怀作用，使景观产生连绵不断的永续性的生命循环。以往的冬季景观是死亡的，或者说是休眠的、静止的、停滞的，景观的生命复苏依赖于大自然的四季轮回，这种宿命观充分暴露了人在自然面前的被动心态，缺乏了积极进取精神，毫无主观能动性而言。这种宇宙本体论的思维与当下的生态本体论是格格不入的。

（3）冬季微生态景观设计具有设计系统论的变革意义。这种变革体现在三个方面：第一，为景观设计系统增加了一个新的技术系统，使得设计系统变得更加丰富而立体，打破了原有的谈设计必言"点线面、冷暖色调"的系统局限；第二，使得设计师具有了整体化的设计思维，设计系统的丰富拓宽了设计者的思维，可以综合设计系统中的技术子系统，使得景观面貌推陈出新；第三，为设计系统原有层面的提升带来活力，使得原有的设计系统在新子系统的参与下完成整体性的系统优化和升级。

（4）冬季微生态景观设计具有设计美学的变革意义。以往在设计中的美学表现单纯，注重以形态、色彩或材料堆砌形成形式美，或者加入当地的传统符号以取得文化传承的意义。从某种角度来说，这种修饰或装饰性的美学表现，是孤立地对待了景观的美学意义。处于景观中的各种元素，其自身以生态的和谐和共生状态存在，本身具有融汇了自然美与人工美的内涵，同时能够赋予弥漫于空间与环境中的清新洁净的空气，这是一种融合综合美学效益的设计审美价值的再创造，能为设计美学的发展提供新的空间。

第 3 章
冬季微生态景观的能
量来源及利用方式

【本章导读】

　　要实现冬季微生态景观设计体系的构建，作为系统的重要组成部分——能量的来源是不可或缺的。为了能够实现课题目标，本章系统地梳理了能源概述、能源的存储、能源的利用、能源与环境的关系、本书所希望利用的可再生的绿色能源及相关的当前主流的能源利用技术等。这就为本书后面章节的展开，特别是为改变冬季微景观生态面貌提供能源要素基础。

　　本章首先阐释了能与能源的概念，对于全面认识自然界存在的能源的性质、能源的状况、能源的分类以及如何利用能源、开发能源的潜质，既有底层基础性意义又有着顶层设计的建构价值。为了进一步拉近能源与当前社会发展现实的距离，以发展的、当代的思维和视角认识能源、解读能源，文章又对目前被世界广泛认同的新能源及其种类、常见新能源形式进行了系统分析，对太阳能、核能、海洋能、风能、生物质能、地热能、氢能、海洋渗透能、水能、生产生活废弃能等新能源的特质进行了归类。

能量是存在的，能量也是流动的，让能源为人所用，必须进行能量的存储，这样才能让人在自然能的面前发挥主观能动性。因此，本章又对能的存储与技术，特别是热能和电能的储存方式，进行了概括梳理。

冬季微生态景观设计面对逐渐恶化的自然环境，为了不给生态环境带来新的压力和破坏，从而需要采用绿色的可再生能源，需要对能源从生态环境发展的角度去伪存真、去粗取精。因而本章又对能源与生态环境进行了概述，并对城市中绿色能源的可利用方式，如太阳能、风能、生物质能、温差能源、城市污水热能等进行了梳理与分析，并对相关能源利用技术有所阐释。

3.1 能源概述

物质、能量和信息是构成自然社会的基本要素。能源包括一次能源和电力、热力、成品油等二次能源，以及其他新能源和可再生能源[63]（图 3.1）。

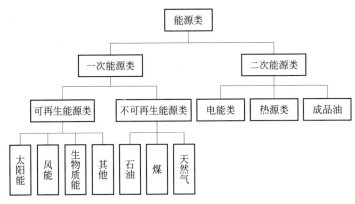

图 3.1　能源类的层次结构简图

能源是人类社会生存和发展的物质基础。回顾人类的历史，可以明显地看出能源和人类社会发展间的密切关系。人类社会已经经历了三个能源时期，即薪柴时期、煤炭时期和石油时期。当人类使用薪柴作为主要能源时，社会发展迟缓，生产和生活水平都极低。当用煤炭作为主要能源时，不但社会生产力有了大幅度的增长，而且生活水平也有了很大的提高，20 世纪 50 年代，由于巨大油气田的相继开发，人类迎来了石油时代。近 60 年来，世界上许多国家，特别是发达国家，依赖石油和天然气创造了人类历史上空前的物质文明[64]。

然而煤炭、石油、天然气这类化石燃料终有耗尽之日，而且它们给环境造成的污染也日益严重。发展新能源已成为当今世界的主流和必然趋势。尽管日本福岛核事故给核能的发展带来了巨大的冲击，但在人类解决能源问题的 30 ~ 50 年的过渡时期，核裂变能的利用仍然是全球不得已而为之的唯一选择。20 世纪的能源、环境、人口、粮食、资源，依然是困扰当今全人类的共同问题。因此，大力发展新能源，使经济、社会、环境协调和可持续发展仍是全世界面临的共同挑战。

关于能源的定义，因不同的研究范畴而各自不同。物理学将能够做功作为能量的定义的关键，而在地球物理的角度来看，凡是物质皆有能量且可以转换，固有的能量加之转化的能量都可以成为能量来源，例如，水的势能落差运动产生的水能和空气运动所产生的风能等。能源的自身能量释放或转换而产生的能量在数量级上存在着差异：有些能源比较集中，利用起来较为便利，被称为高品位能源；而有些能源分散不集中，收集难度大，需要的技术复杂，利用难度高，因而被称为低品位能源[65]。能源概念的定义是一个具有很强时代性的问题，它与人们认识能源、分析能源、利用能源的能力密切相关。随着这些能力的不断提高，人们会根据时代的要求对能源给出恰当的概念。总的来讲，能源的定义可以描述为比较集中的含能体。

3.2 自然界存在的各种能源概述

3.2.1 能源的分类

按照能量根本蕴藏方式不同，可以将能源分为以下三类。

第一类能源源自地球围绕其运行的恒星——太阳。太阳产生的能量对于人类乃至整个地球而言举足轻重，因为有了太阳的辐射产生光和热，不仅给地球生物提供了适宜的生长温度，还促成了植物的光合作用。光能、热能和光合能是太阳赐予地球能量的直接形式。同时，还间接的将能量通过生物进行了能量储存，形成聚集的能源矿产。如在光合作用下生长的植物在特殊气候和地质条件下形成了煤炭，大量的动物尸体由于其含有大量脂肪而在特殊条件下形成了石油，这些化石能源的最初能量源头皆是来自太阳能。另外，由于地球大气受到的太阳能辐射不均匀，形成了空气温差，而产生了风能；强烈的空气对流和带电分子的碰撞产生了雷电能、水能等。总之，太阳能是地球能源的第一来源，把太阳称作"能源之母"并不是夸张的说法。

第二类能源来自地球内部。这类能源主要是指地热能和地下原子能，还有由于地震、火山爆发而产生的能量。地热能大体可以分为浅层地热和深层地热，浅层地热主要是地球岩石圈受太阳辐射而蓄积的太阳能形成的，而深层地热一般认为源自地球自转产生的热量和由地幔层原子裂变或聚变形成。地球内蕴藏的大量放射性元素是原子能核裂变和核聚变燃料的储存体，这些原子能如果被正确开发和利用，将为人类提供上百亿年的能源。

第三类能源主要是指潮汐能。地球绕太阳公转，月球绕地球公转，公转的原因源自相互的引力。月球，这颗地球的卫星，由于离地球近，所以产生的引力作用最明显。突出的表现就是地球海水的潮汐现象。在涨潮和落潮的过程中会产生巨大的潮汐能。

3.2.2 新能源及其种类

能源依照其客观存在并无新旧之分，所谓的新能源是指在工业革命后一直占据人类能源利用主导地位的煤炭和石油而言[66]。人们站在当下使用能源的角度，把目前习以为常的常规能源"煤炭与石油"看作是"旧能源"，而把除此之外的能源称作"新能源"。目前有些所谓的新能源被人类所利用的时间比化石能源被利用的历史还要久远，如风能在中世纪的欧洲已经广泛利用，风能提水、磨面、碾米、航海等利用方式为人类的生产生活创造过极大的便利。

在近 300 年的工业文明中，煤炭和石油成为了人类生产生活的主导，在这之外的其他能源鲜有被人们利用，今天，面对煤炭、石油这种化石能源几近枯竭的状况，人们开始在自然界当中找寻尚未被人类大规模利用的能源，这种将被使用的新能源在人们以往能源使用的经验基础上和从自身发展角度被重新定义，因而新能源具有了以下特征：第一，为了避免像化石能源一样在若干年后会发生枯竭现象，新能源要具备可持续性和可再生性；第二，在生态观念的主导下，新能源应该是来之于自然又能回归于自然，具有可循环性；第三，在使用化石能源的几百年历史过程中，使用这些能源对地球环境造成的污染和伤害引发人们对能源选择的反思，因而新能源要具备环境友好特性，即不会因为新能源的使用而对地球环境造成伤害；第四，新能源的开发利用必须能够维持现有的社会生产生活水平不下降，可以维护人类在工业文明时代创造的物质成果，不会造

成社会生产力的倒退。

今天之所以选择新能源，是由于人类不得不面对煤炭、石油等化石能源面临枯竭的现实，以及认识到利用这些传统能源带给环境的危害后而采取的能源探索新途径，是人类从自身的生存和维持现有生产力水平继续发展的角度，对于存在于自然界中的能源的再认识和再开发。目前公认的新能源大体分为以下几类。

1. 太阳能

太阳是距离地球最近的恒星，太阳辐射的光热能量传导到地球，成为地球最大的能量来源。相对于作为一颗恒星的太阳来说，其生命周期对于太阳行星的地球而言几乎是无限长，因而太阳能是一种可持续的、可再生的能源。太阳带给地球的能源分为光能、热能和光合能。光能可以用来进行光伏发电；热能用来烘干、取暖、为各种生物的生长提供热量；地球植物的生长离不开光合作用，光合作用的前提就是必须有太阳辐射光，在太阳光的参与下，光能与植物吸收的环境能量产生生物化学反应，合成植物生长需要的若干物质，这种能量产生的光合能成为地球生命和物质能量的重要源头。因而太阳能又是地球所有能源的源泉，被称为"能源之母"。太阳能的利用由来已久，而以现代人类社会为背景的太阳能开发和利用却是刚刚开始，因而太阳能也被算作新能源之一。

2. 核能

核能又称原子能，是原子核在分裂或聚合的过程中产生的能量[67]。这种核能的释放量十分巨大，是人类开发利用的最新能源之一，至今不超过70年的时间。人类历史上最具杀伤力的武器——原子弹，就是依据这一能量原理制造而成的。第二次世界大战以后核能被当作能源用来发电，开始了其和平化的利用进程。核能发电产生的电量是若干个煤炭发电厂发电的量的总和。虽然核能发电与煤炭发电相比具有洁净的特点，但其发电后的废料依然带有辐射性，而且一旦在生产过程中产生核泄漏对环境的污染会非常严重。苏联的切尔诺贝利核电站的爆炸和日本福岛核电站的泄漏事件都对环境产生了严重污染，目前世界各国对核电站的建设依然持谨慎的态度。随着技术的不断提高，为人类造福的核能的开发将会不断提升，目前核能还是人类探索中的一种新能源。

3. 海洋能

地球地表面积的 70.8% 是海洋，广阔的海洋中拥有着大量的能量资源。这里所知的海洋能还不包括埋于海底的石油、煤炭、天然气、可燃冰等能源，而主要是指海水中聚集的能量[68]。如海水含盐量的不同形成了海洋密度能；海水的不同区域或深度存在着不同的温度，形成海洋温差能；海洋在地球与月球之间引力的作用下形成的海洋潮汐能；在潮汐和海上风力作用下形成的波浪能等，都是可以用来发电的能源。由于海洋拥有广袤的空间，海洋能的储量十分巨大，所以海洋能是可再生能源。但由于现有技术原因对海洋能的开发还凤毛麟角，仅仅算作是一个开始。随着化石能源的开发殆尽和人类开发海洋能技术的提高，海洋能作为一个巨大的能源库，一定会作为一种新能源逐渐进入人类的生活。

4. 风能

风能其实是空气温差能的一种表现形式。在太阳辐射的作用下，不同区域的空气形成了温度差，能量总会从高向低流动，能量在流动的过程中就形成了风。风无处不在，无孔不入，这就给人们利用风能提供了广阔的空间。利用风能由来已久，在工业社会前的农业社会，利用风力提水、推磨、碾米、航海等的风能利用技术就已经成熟。只是随着以蒸汽和电力为主要动力的能源时代到来，风能的利用渐渐退出了历史舞台。在能源危机和环境危机的双重压力下，人们又重新认识风能这一绿色环保、存量巨大的可再生能源。利用风力发电和风力致热的技术都已相对成熟，而且随着风力发电机和风力致热机生产规模的扩大，生产成本也在逐渐降低，风能对人类社会能源利用的比例正在逐年提高。

5. 生物质能

地球上的生物就其本体而言都具有一定的能量，这种能量通过燃烧或在微生物作用下腐烂发酵将能量转化到自然界，这类源于生物质的能源统称为生物质能[69]。生物质能包括植物的腐枝败叶、人与动物的排泄物等一切生物物质。在自然界中，这些生物质能是分散的、低品位的，它们自生自灭循环在生态圈中。如果将其集中加以利用就可以产生大量能量。如人类最早使用的柴薪，就是利用植物枝、茎、叶燃烧的热量作为能量来源。将植物的枝、茎、叶集中于一定尺度要求的密闭的池中，在微生物作用下进行厌氧发酵，就可以产生沼气，沼气的主体是甲烷，是一种可燃气体，可以直接用来燃烧，产生热能[70]。沼气池中的生物质残渣、残液又是非常好的有机肥料，可以再给植物提供营养，再次循环到生物圈中。生物质能的开发是在生态圈的能量循环中利用人为的技术，改变了能量传递的路径，将自然界中的能量巧妙地加以利用，取得了既利人又利生态环境的人与自然和谐共生的方法。

6. 地热能

地热能是离地球表面5000m以内，15℃以上的岩石和液体的热源能量。据有关组织推算，约为14.5×10^{25}J，相当于约4948万亿t标准煤的热量。地热来源主要是地球内部放射性同位素热核反应产生的热能[71]。我国一般把高于150℃的称为高温地热，主要用于发电；低于此温度的叫作低温地热，通常直接用于采暖、工农业加工、水产养殖及医疗和洗浴等。地热能的开发利用已有较长的时间，地热发电、地热制冷及热泵技术都已经比较成熟。

7. 水能

这里讲的水能不包括海洋能，主要指蕴藏在陆地上的江河湖泊等水体中的落差能、温差能等能源。水在流动的过程中特别是在地势高差比较大的地段会产生巨大的能量，这些能量用来推动发电机组就可以产生电能。水力发电非常经济，而且不产生环境污染，水是可再生的资源，科学地利用水能可以维护环境，实现能源的可持续发展[72]。另外，在太阳辐射的作用下水体会因深度的不同产生温差热能，这种热能属于低品位热能，虽然不能像水力发电那样产生巨大电能，但如果巧妙地运用同样可以利用能量流动发挥其能源效应。在冬季景观水体液态化设计中，本书利用水体的温差热能来实现设计目标。

8. 生产生活废弃能

在日常生产生活大量使用能源的过程中，有一部分能量在生产、传输、使用等过程中不可能被百分之百地利用而会能量产生流失或因多余而被废弃，因而成为废弃能[73]。这些流失和废弃能量甚至成为社会生活的负担。在工业社会中，城市中聚集着大量的工厂，这些工厂利用各种能源进行生产。在生产的过程中，必定会产生大量的热能，由于对能源的认识不足或技术条件所限，这些热能都作为废物白白地浪费掉。如从事陶瓷、玻璃、搪瓷、化肥、钢铁、热电等行业的工厂，常年使用大量电能进行生产，会产生大量的废弃热能散失到环境中。这些能量在工厂自身看来是完全废弃的能量，不仅没有进行有效的利用，反倒对环境造成了破坏。另外，能量输送过程中，会因传输管道的导热性而散失部分热能，形成消耗废弃热能，如冬季布满城市街区、社区和办公区域的暖气管道，在传输过程中不可避免地会造成热量的散失。

生活中的废弃能也比比皆是，酒店、食堂、居民家庭做饭时产生大量的热量排放到空气中，成为废弃热量；夏季空调利用空气压缩机和输送风装置把室内空气变凉，却把室内的热空气输送到室外，这些热量造成了室外空气温度的上升，从能源利用的角度来讲也是能源的浪费。生活中产生的生物垃圾如果皮、菜叶、废弃的食物、人体排出的粪便等都含有很高的生物质能，如果能加以利用都是非常好的能量来源。

能源在自然界中的分布如图 3.2 所示。

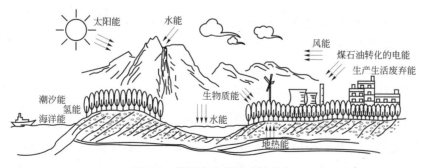

图 3.2　能源在自然界中的分布

3.3　能的储存与技术

3.3.1　热能的储存

热能是最普遍的能量形式，所谓热能储存就是把一个时期内暂时不需要的多余的热量通过某种方式收集并储存起来，等到需要时再提取使用。热能储存的分类可以从时间来分，也可以从方法上来分。

1. 从储存的时间来分

从储存的时间来分，热能储存大体分为随时储存、短期储存、长期储存三种方式，分别满足不同时间周期的要求。随时储存以小时为单位，短期储存以天或周为单位，而长期储存以季或年为单位。采用何种时长的存储方式，完全由能量需求方式决定。

2. 从储存的方法来分

从储存的方法来分，热能储存可分为显热储存、潜热储存、化学储存和地下储存四大类。

显热储存是将热量蓄积到蓄热材料中，蓄热材料因吸收热量而温度升高，达到蓄热目的。蓄热数量的多寡与蓄热材料的比热容、密度相关，比热容大、密度高的材料蓄热能力强，是上选材料。

潜热储存是利用蓄热材料的相变能力而储热。一般物质都有着固态、液态和气态三种相变性质，但因实现相变所需要的热量和温度不同，就给潜热蓄能提供的途径。例如水由固态变为液体时需要大量的热量，由冰到0℃的水，再到低于100℃的水时就蓄积了大量的热量，而如果再继续升温，变为高于100℃的水蒸气，其蓄积的能量又会大大增加。这种水的三态之间变化的过程就完成了潜热储存的效能。

化学能储存是利用某些物质在可逆反应中的吸热和放热过程来达到热能的储存和提取。

利用地下含水层蓄热也是一种有效的蓄积热量的办法。由于水具有良好的蓄热或蓄冷的能力，存在于地下的水体恰好可以胜任这一功能，这就为蓄能特别是跨季节蓄能提供了天然的蓄热仓库或蓄冷仓库。但是利用地下含水层会有破坏地质生态的可能性，应采取谨慎态度。另外，土壤、岩石等固体物质也具有蓄热能力，在储存热能的方法也应因地制宜地进行开发和利用。

3.3.2 电能的储存

日常生活和生产中最常见的电能储存形式是蓄电池。它是先将电能转换成化学能,在使用时再将化学能转换成电能。此外,电能还能以电能的形式储存于静电场和感应电场中。

1. 原电池和蓄电池

原电池只能使用一次,不能再充电,故又被称一次电池;蓄电池则多次充电循环使用,又称二次电池。因此,只有蓄电池能通过化学能的形式储存电能。蓄电池利用化学原理,充电储存电能时,在其内发生一个可逆吸热反应将电能转换为化学能;放电时,蓄电池中的反应物在一个放热的化学反应中化合并直接产生电能[74]。

蓄电池由正负极电液、隔膜和容器五个部分组成。通常将蓄电池分为铅酸蓄电池和碱性蓄电池两大类。铅酸蓄电池历史久、产量大、价格低、用途广。按用途又可将铅酸蓄电池分为启动用、牵引车辆用、固定型及其他用四种系列。碱性蓄电池包括镉－镍、铁－镍、锌－银、镉－银等品种。正在研究的新蓄电池有以下几种:①有机电解液蓄电池,例如钠－溴蓄电池,锂－二氧化硫和溴－锂蓄电池,它们的特点是成本低;②金属－空气蓄电池,主要是锌－空气蓄电池,它是以锌作负极,作为氧化剂的空气制成的气体电极为正极,其特点是比能量大;③使用熔盐或固体电解液的高温蓄电池,例如钠－硫蓄电池。

2. 静电场和感应电场

电能可用静电场的形式储存在电容器中。电容器在直流电路中被广泛用作储能装置,在交流电路中则用于提高电力系统或负荷的功率因数,调整电压。储能电容器是一种直流高压电容器,主要用以生产瞬间大功率脉冲或高电压脉冲波。在高电压技术、高能核物理、激光技术、地质勘探等方面都有广泛的应用。

3.4 能源利用与生态环境

3.4.1 环境概述

地球是人类赖以生存的环境。地球上的生物和非生物物质则被视为环境要素，与人类生存与发展息息相关。人类环境还有别于其他生物环境，既包含自然环境，也包含社会和经济环境。自然环境包括人类赖以生存的环境要素，如大气圈、水圈、土壤圈和岩石圈等[75]。社会和经济环境是人类文明发展承续而成的智慧圈，人类在自身发展过程中，对自然进行了一系列的开发和利用，形成了宝贵的精神成果。同时，人与人之间关系的协调又促使人类开发了社会层面的成就，如宗教、哲学、经济、组织、管理等环境。人文环境与自然环境共同组成了人类的生存环境。

当前的世界经济发展和人类赖以生存的环境不协调，经济发展和人口增长给环境造成了巨大的压力，这种情况在发展中国家尤为突出。过度地追求经济指标的增长率，加大了对化石能源的消费，在能源几近枯竭的同时，还对环境造成了严重的破坏。大量碳物质的排放，造成了南北极大气臭氧层的稀薄乃至出现孔洞，强烈的太阳光线照射冰层，造成大量冰川融化，海平面由此不断抬高，据估计，有些海拔较低的地区和国家在未来几十年将被海水湮灭。人类的生存环境从未像今天这样如此严峻。

人类与其他生物赖以生存的自然环境是由大气、水、土壤等因素组成的，并与社会环境紧密地联系在一起，相互制约、相互影响、相互依赖，保持着相对稳定和平衡。人类是环境演化发展的产物，环境又受人类的干扰和影响。人类在改造自然、利用环境的同时，既取得了巨大成就，也带来了环境破坏与污染。由于人类生产活动和生活消费，特别是工农业飞速发展，使得废弃物增多，超过生态系统自我调节能力，结果造成污染。

水、大气、土壤、生物等环境要素的优劣是衡量环境好坏的标准。当前整个环境要素受到的污染是多方面的。可通过资源质量、生物质量、人群健康状况、人类生活以及生态系统的稳定性等尺度加以衡量。随着人们对生态环境对于自身存在价值和意义的认识不断加深，人们开始重视能源与环境之间的关系，可再生、可循环、可持续、对环境友好的绿色能源成为当下选择能源的主要方向。

积极探索无污染的、可再生的能源为人类所用，是当前各国科技人员在能源开发领域的重要课题。可再生能源与化石能源相比，最直接的好处就是其环境污染少，可以减轻环境严重污染的现状。其实，当我们以生态的观点去观察大自然时，会发现自然界和现实生活中存在许多可再生的绿色能源，如太阳能、地热能、风能、水能、生物质能等，只是由于技术需要我们不断地去开发和突破，在惰性使然的状况下，未能将这些优质的能源进行利用而已。

3.4.2 可再生能源的发展现状和趋势

面对化石能源逐渐枯竭和对环境危害越来越大的现实，以可再生、可循环、可持续为特征的新能源开发方兴未艾。国际组织和各国政府都在大力倡导新能源利用的理念和制定推动新能源开发的相关政策，大众也开始逐渐接收新能源利用的价值观念。这种价值观念的接受程度恰好与这个国家的发展水平相契合：越是经济发达的国家，民众对于新能源理念的接受度越高；相反，大多数发展中国家，从政府到民众，在追求经济增长的利益驱动下，对于新能源开发和利用的积极性不高。特别令人担忧的是，有一些原本生态环境较好的国家和地区，在振兴经济、掘取物质财富理念的策动下，又开始重蹈发达国家盲目利用化石能源、破坏原本良好的自然生态环境的覆辙。

新能源的开发不过是最近几十年的事，由于开发时间短，特别是技术开发的成本还居高不下，新能源开发和利用成本大大超过了现有的常规能源，使得新能源的开发并未得到广泛普及。但也应看到在国际组织和大多数国家政府的倡导支持下，新能源技术开发的步伐正在加快，新技术的转换成本也在逐渐降低。相对于新能源的传统化石能源正在随着资源逐渐匮乏而成本不断地上升。最重要的是广大民众对于自身生活质量观念的提升，使得大家越来越支持和拥护新能源的利用。应该说，不论是化石能源面临枯竭的现实，还是化石能源造成环境污染的危害性，都在推动着新能源时代的到来。作为新生事物的新能源必然会以低廉、环境友好、生态性强的特征进入到后工业时代的社会中来。

3.5 城市可再生能源的利用方式

3.5.1 太阳能的利用

太阳能广泛应用于城市,如太阳能发电、太阳能热水器等。近期,在太阳光照明、太阳能强化自然通风等领域发展速度也很快。2008年,中国太阳能热水器的年生产能力超过 2500 万 m^2,使用量和年产量均占世界总量的 1/2 以上。中国有 1300 多家有一定规模的太阳能热水器生产企业。太阳能热水器已基本实现了原材料如工、产品开发制造、工程设计和营销服务的产品体系。

太阳能热水器利用太阳辐射生产热水。一般情况下,把集热面积较小的称为家用太阳能热水器,把集热面积较大的称为太阳能生活热水系统。太阳能的加热过程无烟、无尘、无噪声。加热过程自动进行,不需专人看管,省时省力。太阳能热水器的使用取决于日照条件,中国绝大部分地区都可以使用太阳能热水器。

建筑的屋顶和南阳台可以安装太阳能热水器,太阳能热水器要求与太阳光线有一个最佳的相对位置。由于太阳光线的可移动性,通常以平均时段确定太阳能热水器的倾角。安装太阳能热水器应尽量避免冬季主导风向,位置与用水点要直接、紧靠,管道要保温。在屋顶安装时,可以与斜屋顶相结合。

安装使用太阳能热水系统,应注意系统中循环水系的用电量。如果循环水泵系统的用电量达到热水系统提供热量的 20%,就丧失了利用太阳能的优势,在太阳能热水系统中,应尽可能采用自然循环系统。

3.5.2 风能的利用

空气流动产生风。风所具有的能量称为风能。风能量大,但密度低。风能利用简单,无污染、可再生,但可靠性差,时空分布不均。历史上,风能曾被用于航海、提水和碾米。18 世纪开始大规模使用化石能源,风能的利用渐趋没落,到 19 世纪末期,电力在整个工业化国家中普及,风力逐渐停止使用。20 世纪,只剩下北欧的低地还在使用古老的风车。

今天，人们利用风能发电。利用风力带动风车叶片旋转，再通过增速机将转速提升，驱动发电机发电。依据目前的风车技术，在微风程度下就可以发电。

中国的风能资源分布不均。在西北、东北和华北的草原戈壁，以及东部、东南沿海岛屿，风能资源丰富。据测算，中国陆地可利用风能资源为 2.53 亿 kW，东部沿海水深 15m 的近海海域，风资源约为陆上风能资源的 3 倍[76]。

风力发电有独立运行与并网运行两种方式。独立运行系统的单机容量一般小于 20kW；并网发电是将风电系统并入电力电网，将风力发电作为低碳能源充分利用。城市用小型风电设备的效率也很低，风力发电机由机头、转体、尾翼、叶片组成。叶片接受风力并通过机头转为电能，尾翼使叶片始终对着来风的方向，使机头灵活地转动。小型风力发电机容易被小风带动，持续不断的小风比一时的狂风更适合风力发电。风力致热也是目前正在被逐步应用的新能源技术，如果终端使用目标是热能，那就不需要再通过风力发电，再由电能转化为热能为终端所使用，这样又会达到降低风能的利用成本。

3.5.3 生物质能的利用

生物质原料主要有木材、秸秆、油料作物、城市有机垃圾及动物粪便等，沼气是生物质能应用的最佳途径之一。沼气具有很高的热值，燃烧后生成二氧化碳和水，不危害农作物和人畜健康。由于生成沼气的原料是各种废弃物，所以这些废弃物生成沼气后可以大大减少垃圾的数量。这些废弃的有机物质在厌氧条件下，经过微生物发酵生成以甲烷为主的可燃气体，即沼气。沼气发酵过程会产生三种物质，即以甲烷为主的沼气、沼气残液和沼气残渣。沼气是优质燃料，沼气残液和残渣都是优质肥料，对土壤改良有着重要功效。

3.5.4 温差能源的利用

城市新能源中，温差能源占有很大比重。温差能源是指自然界

原始存在的或人工产生的能源。主要蕴藏在水、土壤、人工排热等介质中。近年来，由于技术的进步和低碳城市建设的需要，有效利用城市温差能源成为一个热门的研究课题。中国有多个城市正在筹划采用湖水、河水、海水作为水源热泵的热源，实现冬季供热和夏季供冷。

地下热能也是一种温差能源。地下热能按照温度有低、中、高之分。低于90℃的为低温，90~150℃为中温，150℃以上的为高温。中高温地下热能可用于发电。低温地下热属于低品位热能，可在建筑中替代高品位热能供冷和供热。

我国地下热能丰富。其中华北和松辽盆地区域，人口密集，当地的气候条件要求供热期长、供热负荷密度大。在这些地区科学利用地下热能，优化资源配置，有利于低碳城市的可持续发展。我国地热资源的直接利用量居世界第一位，且以每年10%的速度增长。主要用于发电、取暖、洗浴疗养、水产养殖及烘干等[77]。

地下热能不受天气变化的影响。但是地下热能分布不均匀，深埋地下，其性质、数量难以控制。低温地下热能不适于长途输送，适合于就地开发使用。

3.5.5　生产生活废弃能的利用

1. 热力暖道废弃热能利用

从热力生产地点到目的地，一般埋于地表之下，如城市冬季采暖使用的输送管道、某些特殊工业生产使用的热力管道，虽然管道进行了保温措施以防热量散失，但一部分热量还是会在输送途中散失在地表土壤中，形成浅层地热。利用这些散失的热能作为"冬令春景"景观的热源，是成本低廉且行之有效的方式。

2. 建筑废弃热能的利用

建筑废弃热能主要有对空调废弃热能和排风空气热能的利用。对空调热源的废热进行回收利用，加热建筑中的生活热水，可以节能。如果提供合适的存储器，可以为冬季住宅区景观的"冬令春景"设计提供热能。空调在夏季制冷过程中，会释放大量热能。用热泵串联接入空调压缩机与冷凝器之间的管道中，把冷却水所携带的空调冷凝热提取出来，输送到储热器中，使用时再用热泵将其输送出来，可以起到跨时空利用热能的效果。另外，使用这种方式来利用建筑排风系统的热量，也一直是很好的办法。

3. 城市污水的热能利用

城市污水具有稳定的水量和水温，含热能较高。作为城市新能源，有充分利用的价值。特别是热泵技术的不断发展和成本的降低，使城市污水热能利用日趋成熟。将城市污水处理与其热量利用相结合，是完美的城市污水综合处理方法，同时也是城市景观热量的又一来源。

城市污水中的原生污水，冬季温度相对较高，夏季温度相对较低，是"冬令春景"景观系统的理想热源。即使在冬季气温0℃以下时，城市污水温度仍可保持在15℃左右；夏季气温在35℃以上时，污水温度可保持在25℃左右，合理利用这种能源可以变废为宝。

3.6 热能利用的技术

3.6.1 热管技术

热管是一种新型的传热元件。由于它良好的导热性能及一系列新的特点，从1964年问世以来即得到了迅速的发展，现已广泛地应用于宇航、电子、动力、化工、冶金、石油、交通等许多部门，成为强化传热和低品位能源利用技术的一个重要部分[78]。

传导、辐射、对流构成了热传递的三种方式，其中热传导的速度是最快的。热管具有良好的导热功能，是充分利用热量从高温区向低温区流动的基本原理制造而成的。管壳、吸液芯和端盖是热管的组成部分。管壳一般由导热性能较好且价格适中的金属制成，其本身良好的导热能力为热量的传导提供了基础。管壁上有由毛细多孔材料构成的吸液芯，热管一头是蒸发端，另外一头是冷凝端，当热管一头受热时，会促使毛细管里面的液体快速蒸发，于是蒸汽流向了热管的另外一端同时释放出热量，又凝结为液体，液体再依靠

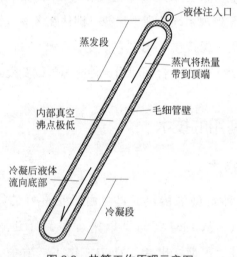

毛细孔的作用力流回蒸发端，如此循环不止往复传导热量。由于这种循环速度极快，热量也就源源不断的得以输送。

热管由密封的壳体、紧贴于壳体内表面的吸液芯和壳体抽真空后封装在壳体内的工作液组成。当热源对热管的一端加热时，工作液受热沸腾而蒸发，蒸汽在压差的作用下高速地流向热管的另一端（冷端），在冷端放出潜热而凝结。凝结液在吸液芯毛细抽吸力的作用下从冷端返回热端。如此反复循环，热量就从热端不断传到冷端[79]。因此热管的正常工作过程是由液体的蒸发、蒸汽的流动、蒸汽的凝结和凝结液的回流组成的闭合循环（图3.3）。

液体注入口

蒸发段

蒸汽将热量带到顶端

内部真空沸点极低

毛细管壁

冷凝后液体流向底部

冷凝段

图3.3　热管工作原理示意图

从热管与外界的换热情况来看，可将热管分成三个区段：第一区段称为热段，是热源向热管传输热量的区段；第二区段称为绝热段，是外界对热管没有热量交换的区段；第三区段称为冷却段，是热管向冷源放出热量的区段，亦即为热管本身受到冷却的区段。

从热管内部工质的传热传质情况来看，热管也可分为三个区段。

（1）蒸发段。对应于外部的加热段。在这一段中，工作液体吸收热量而蒸发成蒸汽，蒸汽进入热管内腔，并向冷却段流动。

（2）输送段。对应于外部的绝缘段（也称传热段）。在这一段中，既没有与外部的热交换，也没有液间的相变，只有蒸汽和液体的流动。

（3）凝结段。对应于外部的冷却段。蒸汽在这个区段内凝结成液体，并把热量传给冷源。

热管具有导热性能极好、均温性良好、热流方向可逆、热流密度可变、适应性较强等许多优良的性能，正是这些优良性能使热管得到了发展和应用。与其他换热元件相比，热管有较强的实用性，表现在无须外加辅助设备，无运动部件和噪声，结构简单、紧凑，重量轻；热源不受限制，高温烟气、燃烧火焰、电能、太阳能都可以作为热管热源；热管形状不受限制，形状可以随热源、冷源的条件及应用需要而改变，除圆管外还可以做成针状、板状等各种形状；它既可用于地面（有重力场），又可用于空间（无重力场）在失重状态下，吸液芯的毛细力可使工作液回流；应用的温度范围广，只要材料和工作液选择适当，可用于 –200~2000℃ 的温度范围；可实现单向传热，即只允许热向一个方向流动的所谓"热二极管"。

3.6.2　热泵技术

热泵可以水体或土地为热量来源，泵送其收集的低品位热能到目标加热区域。依据热源的不同，可以将热泵分为水源热泵和地源热泵两种形式。

在自然界中，水总是从高处流向低处，热量也会从高温区流向低温区，这都是司空见惯的一般规律。但如果想要把低位区域的水输送到高位区域，即实现能量位势的逆向输送，那么就要使用水泵。水泵可以将水从低位区输送到高位区，这个逆向运动做功需要消耗一定数量的电能或燃烧能，但输送能耗与输送的成果相比是相对低廉的。

热泵的做功原理与水泵一样，是将低位区的热量借助热泵的传递功能输送到高温区。如土壤环境中存在大量温度为 15℃ 的热能，使用地源热泵可以将收集的土壤中的 15℃ 的热量送到地面 18℃ 的指定区域，并使目标区域温度进一步得到提高。热泵在输送热量的过程中也会消耗一定的热量，但其所消耗的电能或燃料能，产出大于投入是热泵制热最突出的优点。从本质上讲，热泵是一种热量提升装置，它可以将低品位热源转换成高品位热量，应用范围非常广泛。

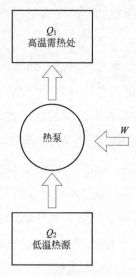

图 3.4　热泵工作原理示意图

如前文提到的从城市污水中利用热泵提取热量，输送到需要热能的地方，既可以获得高品位的热量，也可以节约能源。

热泵消耗少量电能或燃料能 W，将环境中蕴藏的大量免费热能或生产过程中的无用地温废弃热能 Q_2 变为满足用户要求的高温热能 Q_1[80]（图 3.4）。

水源热泵是利用地下热源的一种方式，先抽取浅层地下热水，再经过热泵提取热量或冷量。水温降低或升高后，再将所抽取的水回灌到地下。但水回灌时，必须保证全部回灌到原来取水的地下含水层，这样才不影响地下水资源状况。如果把用过的水在地表排掉，或排到其他浅层，或将破坏地下水状况，造成对水资源的破坏，此外，还要设法避免灌到地下的水很快又被抽上来用，使系统性能恶化。

地源热泵是一种利用浅层地热能源（包括地下水、土壤或地表水等的能量）的既可供热又可制冷的高效节能系统。地源热泵通过输入少量的高品位能源（如电能），实现由低品位热能向高品位热能转移。通常地源热泵消耗 1kW·h 的能量，用户可以得到 4kW·h 以上的热量或冷量[81]（图 3.5）。热泵消耗少量电能或燃料能 W，将环境中蕴藏的大量免费热能或生产过程中的无用地温废弃热能 Q_2，变为满足用户要求的高温热能 Q_1。

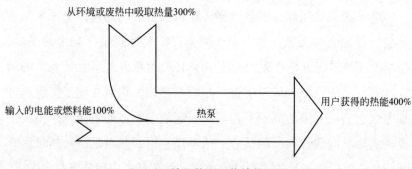

图 3.5　地源热泵工作效能图示

热泵技术属可再生能源利用技术，具有经济节能、环境效益显著、无任何污染、一机多用、应用范围广、维护费用低、使用寿命长、维持生态环境平衡等优势。

3.7　生态能量流的综合利用

整个生态环境构成了一个大的生态系统，系统中的各个要素之间相互联系、相互影响、相互制约，系统遵循着整体性、关联性、目的性、层次性和历时性的特征。系统与系统的外部环境之间同样存在着这样的关系。

能量是生态系统不可或缺的动力，它从一个方向穿过生态系统，形成生态能流。能量所到之处，为生态系统带来动力和活力：能量是以太阳辐射能的形式进入生态系统的，其中一部分被植物吸收用于光合作用，光能被储藏在有机分子（如葡萄糖）的化学键能中，当这些分子在细胞呼吸过程中又被裂解开来时，能量便又被释放出来用于做功，如修复组织、维持体温及繁殖等。最后能量消散以热的形式重返宇宙空间。这种能流在系统中的穿越是自然的、活态的、循环的、完整的、可再生、可持续的。这是大自然给我们最大的启示——效法自然能流的运动规律，会为我们的生态景观设计开启与环境友好的方式。

自然景观之于宇宙是微小的，单一城市的景观之于自然景观是微小的，城市中的某一社区或园林公园之于城市景观又是微小的。他们之间存在着整体与局部，总体与个体，主动与从动的关系。不同尺度景观内能量流动会因景观格局和结构的不同而改变能量流动的路线，但始终应该遵循自然的、活态的、循环的、完整的、可再生和可持续的原则。能源的存在为"微生态景观"系统的设计营建提供了物质的基础，自然能量在自然界中的流动——循环、闭合、可再生与可持续的模式，为我们的生态景观设计提供了可供参考和效仿的能量流动范式。

微生态景观可利用能源的优劣势比较见表3.1。

表 3.1　微生态景观可利用能源的优劣势比较

名称	优势	劣势	采纳指数
煤炭发电能	属于传统能源，输电网络发达，便于利用、成本相对低廉	煤炭资源面临枯竭，碳排放量高，大气污染的主要来源	低
石油发电能	属于传统能源，输电网络发达，便于利用、成本相对低廉	石油资源面临枯竭，碳排放量高，大气污染的主要来源	低
太阳能	属可再生绿色能源，分布广泛，来源无成本，可转换为热能、电能和植物光合能。利用技术成熟，已被广泛使用	昼夜分布不连续、受天气影响大	高
核能	能量释放潜能大	技术尚待提高，二次污染问题未解决，地域分布不均匀，利用范围狭小	低
海洋能	属可再生绿色能源，无污染，沿海入海口分布广泛，可转换为电能	投资维护成本高，地域分布不均匀，利用范围狭小	低
风能	属可再生绿色能源，分布广泛，来源无成本，可转换为电能，目前技术成熟	受自然风力的强度影响大，转换电能总量不稳定	高
生物质能	属可再生绿色能源，分布广泛，原料无成本，可转换为热能、电能，目前技术成熟	生物质能发酵受温度影响大，自然条件下冬季受限	中
地热能	属可再生绿色能源，分布广泛，原料无成本，可转换为热能、电能，目前技术成熟	地区及可利用的深度分布不均匀	高
氢能	属可再生绿色能源，分布广泛，原料无成本，可转换为热能、电能，目前技术成熟	成本高、普及度低	低
海洋渗透能	属可再生绿色能源，分布广泛，原料无成本，可转换为电能	成本高、分布不均匀、普及度低	低
水能	属可再生绿色能源，分布广泛，原料无成本，可转换为电能，目前技术成熟	受地势和流量影响大，适宜于水电输送区域	中
生产生活废弃能	属可再生绿色能源，分布广泛，原料无成本，可转换为热能、电能，目前技术属开发期	技术存在多元性	高

第**4**章
冬季微生态景观草坪
常绿技术分析与实验

【本章导读】

　　景观草坪是景观植物的重要组成部分，也是景观设计中的重要要素。相对于松树、柏树等常绿型的树木而言，冬季北方的草坪完全处于枯黄的休眠或死亡状态，正如唐诗中写的那样"离离原上草，一岁一枯荣"。草坪的这种生理宿命造就了它在冬季景观中最煞风景的形象。由于草坪的面积大，且低于人的视平线，视野效果开阔，"微生态景观"设计的课题研究以景观草坪的冬季常绿技术为突破口（但未来的研究不限于草坪植物），实证其作为本书技术支撑的可行性。

　　本章从草坪草种植的基本概况入手，阐释了目前景观草坪的分类状况，以及作为北方广为种植的冷季型草坪草的生长规律进行了探析，从植物学的角度解读草坪草冬季生长的可能性；通过研究发现，北方冬季草坪草之所以枯黄、难以生长的症结在于自然环境无法提供其可生长的温度，即寒冷气候是造成冬季草坪冬眠的直接原因。接着阐述了热能与草坪草生长的关系，从理论上假设如果能够在冬季能够给草坪提供一定热量，就可以让其生长，从而在冬季保持一

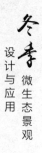

片绿色。由此得知热量是草坪的前提保障，因而在景观中找到合适的热源成为解决问题的关键，本章又从冬季景观系统中可为草坪提供热能的绿色能源角度出发，详细阐释了如何利用太阳能、风能、水能、生物质能、生产生活废弃能、地热能为冬季草坪提供热源的方式，并对草坪对热能的需求、如何从景观中收集热量、如何储存、如何实现热传导而对土壤和草根加温，分别进行了阐释。对如何设计热能设备装置、温度控制与调节、冬季常绿草坪的维护管理也进行了简要的概述。

本章又对实现景观草坪冬令常绿的技术原理进行了阐析，全面分析了景观草坪的物理性环境状况，为技术展现提供了物质基础，基本构建起实现冬季"微生态景观"设计的草坪植物设计的技术模块，并通过实验及实际案例的方式验证实现景观草坪"冬令春景"的技术可行性，验证了对"冬令春景"景观草坪可以实现"春景"的理论预测。趵突泉景观草坪模拟的技术实践，不仅证明了该技术的可行性，而且为搭建"微生态景观"设计方法的理论构架提供了技术支撑和实践依据。

实现冬季景观草坪常绿技术的研究，其目标是"虽由人工，宛如天成"，这不仅可以取得人为技术实现自然之"美"的景观效果，而且对于冬季生态系统的改造与提升也可以取得良好的效果。对于改善景观系统内各要素之间的关系起到重要的关联和重大的影响作用。

4.1 草坪种植的基本概况

《辞海》对"草坪"的注释是，草坪亦称草地，是草本植物群落的泛称。草坪，从广义上来讲是人工建植或是天然形成的多年生低矮草本植物，经人工养护管理形成的相对均匀、平整的草地植被。建植草坪的目的主要是为了保护环境，美化环境，以及为人类休闲、游乐和体育活动提供优美舒适的场地。在园林建设中用人工铺装草皮或用草坪草的种子直接播种的方法，培养的成片的绿色地面，所形成的草坪代表着一个较高水平的生态有机体，其中也包括草坪草及其生长发育的环境。

与草地相比，草坪具有以下三个特征：第一，草坪主要由人工建植并需要定期修剪等养护管理，或由天然草地经人工改造而成，具有强烈的人工干预性质，这是景观草坪和纯天然草地的重要区别；第二，草坪的基本景观特征是以低矮的多年生草本植物为主体，可以相对均匀地覆盖地面；第三，草坪根据其用途不同具有独立的质量评价体系，它不以获得高的生物产量和营养品质为目的，因此与放牧地或人工刈割牧草有着本质区别。

草坪草是能够经受一定修剪而形成草坪的草本植物。它们大多数是叶片质地纤细、生长低矮、具有易扩展特性的根茎型和匍匐型或具有较强分枝（分蘖）能力的禾本科植物，另外，也有一些莎草科、豆科、旋花科等非禾本科草类。

草坪草大都植株低矮，分蘖力强，有强大的根系。草坪草营养生长旺盛，营养体主要由叶组成，易形成一个以叶为主体的草坪层面；地上部生长点位于茎基部，而且大部分种类有坚韧的叶鞘保护。生长点在近地表处，使得一些养护措施如草坪修剪、滚压和践踏等对草本身造成的伤害较小；一般为多年生，寿命在3年以上，若为一二年生，则具有较强的自繁殖能力；繁殖力强，种子产量高，发芽率高，或具有匍匐茎、根状茎等强大的营养繁殖器官，或两者兼而有之，易于成坪，受损后自我修复能力强；种类适应性强，具有相当的抗逆性，易于管理。形成的草坪软硬适度，有一定的弹性，对人畜无害，也不具有不良气

味和弄脏衣物的汁液等不良物质。

在我国根据气候分区和各类草坪草的生态特性，草坪分为8个区域，各区适宜的草坪草种如下[82]。

Ⅰ区（黑、吉、辽区域）：早熟禾、紫羊茅、翦股颖、高羊茅（南部）。

Ⅱ区（京津冀及鲁北区域）：高羊茅、黑麦草、翦股颖、早熟禾、狗牙根、结缕草、野牛草。

Ⅲ区（甘南、宁南、陕南、晋南、皖南、苏北区域）：高羊茅、狗牙根、结缕草、假俭草。

Ⅳ区（川东、贵、湘、赣、闵中、苏南区域）：狗牙根、结缕草、地毯草、钝叶草。

Ⅴ区（滇、桂、粤、闽南、琼区域）：钝叶草、狗牙根、结缕草、地毯草、美洲雀稗。

Ⅵ区（蒙东区域）：野牛草、冰草、结缕草。有灌溉条件的，可种植紫羊茅、早熟禾。

Ⅶ区（藏、川西区域）：有灌溉条件的，可种植早熟禾、高羊茅、黑麦草、翦股颖。

Ⅷ区（新、甘西、蒙西、宁北区域）：冰草、格兰马草。有灌溉条件的，可种植早熟禾、紫羊茅。

草坪植被对于生态环境的意义十分巨大。草坪对生态环境的改善效果非常明显，它能够起到净化空气中的有毒有害气体、防止粉尘的扩散和迁移、吸收放射性物质、杀死细菌、减低噪声、净化土壤和污水、美化环境，减轻光污染和视觉污染，拦截过量的雨水的作用，以及对有害物质的监测可起到指示作用。

作为景观构成的重要组成部分，景观草坪与灌木、藤蔓、乔木等共同构成了景观中的植物系统。景观植物系统是景观的供氧之源，大量的绿色植物通过光合作用吸收二氧化碳释放氧气，同时还能吸收和过滤大量有害气体，对改善景观的空气质量具有重要作用[83]。同时，景观植物对于防风固沙、养护土壤、提供休闲等具有特别的生态和人文意义。在我国，经过景观设计和园林工作者的不懈努力和实践，草坪种植业已经取得了长足的发展，特别是在引种国外草种与本土草种的适宜性选择方面已经积累了丰富的经验。在草种的选择上，针对我国幅员辽阔，气候多样，地形复杂的特点，各地基本都寻找到了适宜本地区种植的草坪种类，基本形成了在南方地区以种植耐高温的暖季型草坪为主，北方地区以耐寒、耐旱的冷季型草坪为主的状况[84]。随着城市化进程的不断推进，城市景观设计的草坪种植正在朝着"无地不绿"的方向发展。

草坪是景观构成的重要组成部分，它既可供观赏，又可以广泛地作为群众性活动的场地。另外，现代的草坪不仅应用于绿化工程，同时也已广泛应用于运动场、工厂、公路、铁路、飞机场和需要进行水土保持工程的地方。由于草坪覆盖面积大，视线低，景观美感和生态保护效果显著，草坪草在塑造微生态景观中起着越来越重要的作用。

在我国大部分地区，景观草坪被广泛种植。南方地区的草坪种植由于四季温暖，呈现草坪四季常绿的景观效果。成片的绿地草坪如同给大地披上了一层绿色的外衣，不仅生态效果显著，而且满眼绿色，为人们放松心情、舒缓身心压力和健康休闲，提供了良好的心理和生理空间。而北方的草坪种植在春、夏、秋三个季节基本也能实现绿色生态效应，草坪与绿树红花相映成趣，景观呈现勃勃生机。但随着冬季的到来，草坪逐渐失去适宜生长的温度，茎叶逐渐枯黄，有的根系也由于严寒受到严重破坏，很多草坪被大面积冻死，来年春天还要再次进行补种以维持草坪的延续，为了保证春夏秋三季的草绿效果，造成大量的资金、人力、物力的浪费。枯黄休眠或冻死的草坪不仅造成了经济上的浪费，而且极大地破坏了景观的生态和视觉效果。由于草坪的根系冻死，对表层土壤的网状保护效果下降，防风固沙作用降低，甚至在冬季的大风天气下会产生扬尘现象；同时，草坪的死亡造成草坪植物生态属性的缺失，草坪不再能够吸收二氧化碳，释放氧气，改善空气质量[85]。不仅如此，面对枯黄的草坪，光秃秃的树木枝条，会让人产生生命就此结束的悲观情绪，勾起生活中的诸多不如意的负面念头，从而产生消极厌世，心情郁闷、孤独无助等心理和情感的消极变化，对人们的身心健康产生不良影响。总之，在冬季的北方城市景观中，由于季节原因造成草坪的景观审

美和生态效果完全处于缺失状态。

4.1.1　景观草坪的分类

　　按照草坪使用功能的不同而选择不同种类的草进行种植，以达到符合景观功能需求的目的。在现代城市景观的设计过程中，一般将草坪大致分为休息性草坪、运动性草坪、观赏性草坪、花坛性草坪、疏林性草坪、固土护坡性草坪六大类。

　　无论草坪按照使用功能如何分类，正常生长的草坪对于景观环境的微生态都会起着重要的作用。大面积的草坪释放的氧气相当于一个从茎叶到根系乃至其生长的表土层都对微环境微气候的改善发挥着积极的意义。然而，在北方地区的冬季，草坪的生长处于停滞状态，其对环境的改良作用也就无从谈起，因而，实现冬季草坪常绿对于改善冬季微环境的微生态又有了格外重要的生态意义和人文意义。

4.1.2　冷季型草坪草的生长规律探析

　　实现北方地区冬季草坪常绿，需要着手于适宜北方种植的草种进行研究。冷季型草坪由于耐寒能力较强、绿色期较长（有的冷季型草种绿色期可达 220~250 天）而在北方地区景观大量种植。像早熟禾、高羊茅、狗牙根等都是常用的耐寒性景观草种[86]。这些草茎叶的生长适宜温度为 –15~15℃，草根生长的适宜温度为 2~15℃。

　　植物生长的温度一般为 10~40℃。冷季型草坪草根系生长以 10~18℃为最适宜，在 15~24℃茎叶生长最为活跃。值得注意的是，与气温相比，土壤温度对根生长的影响较大。研究发现，只要土壤不冻结，一些冷季型草坪草根系生长可一直持续到秋末。当秋季土壤温度降至 10℃以下时，地上草的茎叶褪绿后，狗牙根根系生长仍在进行。

　　在自然环境中，温度在不断地变化。日最高气温出现在中午，而最低气温一般在日出前。裸露的土壤表面温度通常比地面以上 15cm 高处的温度变化小，因为太阳辐射热量积累引起表面（土壤、草坪等）温度的变化，而气温的变化是热能从吸收辐射的物体表面传递给大气引起的。由于热传递过程有一定顺序，而且速度不同，一般白天土壤表面温度高于大气温度，而夜间因太阳辐射停止，土壤温度略低于气温。由于植物具有蒸腾作用及其他热能传递特性，种植草坪的土壤表面比裸露地表面热量积累慢。草坪及其上方气温比裸露地表及上方气温低一些[87]。用人工建筑材料建造的运动场及生活小区活动场地的气温要比用草坪构成的表面温度高得多。

4.2 热能与草坪草的生长

草坪的生长如同其他植物生长一样离不开热能的供应。在自然环境中，草坪的热能来源主要是太阳辐射。太阳辐射不仅给自然界植物生长提供了充足的热量，还为植物的光合作用提供了保障。在阳光的照射下，植物经过光反应和碳反应，利用光合色素，将二氧化碳和水转化为有机物，并释放出氧气，形成一系列复杂的代谢反应。光合作用是生物界赖以生存的基础，也是地球碳氧循环的重要媒介。

在自然环境中，太阳辐射供给草坪热能主要通过空气和土壤两个途径来输送完成。白天太阳光透过大气层辐射地面，使空气和地表土壤温度不断升高。太阳辐射不仅给草坪的茎叶提供了光照，促使其光合作用的发生，同时提升了空气温度，让草的茎叶在适宜的温度下生长；太阳辐射到地面，提升了地球表层土壤的温度，为草坪的根系提供合适的温度，使其能够产生有效的活力，吸收土壤中的水分和养分（图4.1）。尤其到了夜间，由于没有了太阳的光照作用，气温开始下降，而土壤由于密度大、导热系数比空气低，具有一定的蓄积热能的能力，因此可以持续地为草坪的根系提供热量，维持草的正常生长。与此同时，地表土壤吸收的热量在夜间开始向低于地表温度的空气进行热能交换，形成地表热辐射，这样即使在夜间，空气温度也不会降至很低，从而又维持了草的茎叶在夜间的合理温度，维护草坪的茎叶在夜间的生命活力，保证草在夜间的各种生化活动（图4.2）。正是由于地表土壤的蓄热能力，使得植物的根系在

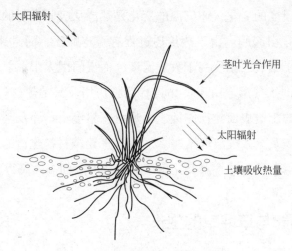

太阳辐射

茎叶光合作用

太阳辐射

土壤吸收热量

图 4.1　草坪土壤在白天的热能转换

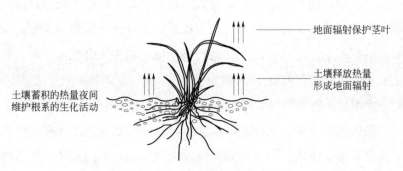

地面辐射保护茎叶

土壤释放热量
形成地面辐射

土壤蓄积的热量夜间
维护根系的生化活动

图 4.2　草坪土壤在夜间的热能转换

夜间仍能保持相对适宜的温度，草的茎叶白天在太阳光的辐射下形成的能量会输送到根部蓄积，同时，土壤也会将在土壤中吸收的水分、各种养分输送到植物的干（茎）枝、叶，完成草坪草自身生命能量的输送和循环。

草坪主要由草的茎叶、根系及根系所依存的土壤三部分组成。草坪草的根系最深可达地表以下 30cm，这层土壤受气温变化的影响较大。如果草根生长的地温能够保持在 2~15℃就可以保持成活，地温能在 12~15℃时草叶就可以生长。但在冬季随着严寒以及雨雪天气的增多，地表以下 30cm 的区域最容易形成冻土层，这就给草坪草的冬季保墒带来了巨大挑战。

另外，从草坪的种类差异而言，能够看出其内在生长与环境温度的关系规律：我国北方地区种植的冷季型草之所以不适宜在南方种植，并非这种草完全不能在南方生长，而是其不耐高温的生物特性造成其生命周期大大缩短，南方地区夏季过高的温度使草死亡，因而会在经济效益和景观效果上大打折扣。而适用于南方地区种植的暖季型草不适宜于在北方种植，也存在着同样的温度原因：在北方的春末秋初草坪也完全可以生长，但温度稍微降低其生命就会结束，因而起不到良好的经济效益和景观效果。正所谓"南方为橘，而北方为枳"。由此可见，草的自身生命属性与环境热量的匹配关系对于草能否正常生长起着决定性作用。

目前在北方大量种植的冷季型草坪实际上也不能在冬季实现常绿。冬至之后，大量的草坪也会进入冬眠期或者被过低的温度冻死，草坪的景观视觉效果是一片枯黄。

既然草坪根系生长的温度为 2~15℃，说明在此温度下草坪根系不会被冻死，草茎叶的生长适宜温度为 15~24℃，在此温度下就可以使草坪保持绿色。在冬季有太阳的中午，气温短时达到 15℃是有可能的。

4.3 冬季可为草坪提供热能的绿色能源及利用方式

实现草坪冬季生长的热能来源主要是来自土壤自身的温差热能和外部环境输入的热能。外部环境可以输送给草坪的热能有太阳能、风能、电能、地热能、生物质能等。尽管可以为冬季景观草坪提供热能的能源是非常多的，但是，在"微生态景观"设计的能源概念限定下，所采用的能源应为景观环境内外自然存在的绿色能源，这样可以实现低碳环保的景观效应。尽管利用煤炭或石油为原料的电力热能用起来更为方便快捷，但是由于其对环境造成的污染负面效应和其不可持续发展的原因，不作为景观草坪热能的首选来源。但是在微生态景观设计系统中，出于对成本的考虑，并不完全排斥化石能源生产的二次能源，如电能，只是在

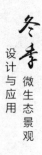

生态景观可持续发展的理念指导下，尽量减少其在景观能源中的使用比例。如果利用的绿色能源开发热能成本过高，就会间接地造成因制造这些低碳设备而产生更大的碳排放量。

4.3.1　太阳能及利用方式

太阳能是可以直接以热能形式进行利用的冬季景观草坪热源。太阳的光和热产生的热能在自然条件下即可对景观草坪通过照射方式提供热能，但因冬季太阳照射区域南移照射南半球，对北半球的照射强度大大低于夏季。地面土壤难以蓄积足够的热量供草坪生长，这就需要在天气良好、太阳光照强的情况下，利用太阳能集热器或其他太阳能装置对景观草坪所依赖的土壤进行蓄能。

太阳能集热器是吸收太阳辐射并将产生的热能传递到传热工质的装置，是太阳能热利用系统的核心设备。太阳能集热器可按照传热工质的类型分为液体集热器和空气集热器；按照进入采光口的太阳辐射是否改变方向，可以分为聚光型集热器和非聚光型集热器；按照集热器内是否有真空空间，可以分为平板型集热器和真空管集热器；按照集热器的工作温度范围，可以分为低温集热器、中温集热器和高温集热器。

蓄积太阳能可以通过利用土壤的比热容大于空气的物理特性，把热量存储在土壤中，使土壤的温度预先提高，在与冷空气的热量交换过程中处于绝对优势，给草的根部增加热量，让其根部保持可生长的温度；或者通过太阳能集热器把热能蓄积在备用的热能存储器中，根据具体的情况向景观草坪土壤释放热量来保持地温。另外，如果能在夏天提前进行蓄能，这些热量在冬季有效地释放出来，缓解冬季土壤温度下降，也是一种办法。因此，跨昼夜和跨季节蓄积太阳能，以满足景观草坪热能的需求量是利用太阳能热源的关键。

4.3.2　风能及利用方式

我国北方冬季多风，而且风力较强。风能既可以直接提供热能，也可以利用风力发电装置蓄积大量的电能，电能转换为热能后仍然可以向景观草坪土壤提供热量，保持草的生长状态，实现草坪的冬季常绿景观效果。利用风能最大的好处是可以把风能发电装置设计为景观特有的景观设施，增加景观的情趣。同时可以全年性的为景观蓄积电能，而且不仅可以用于景观草坪热量的提供，还可以直接用其产生的电能给景观照明等用电设施提供电量。

在我国的许多地区，在较寒冷的季节风能正盛，如果能转换成热能，即把风能转化为热能，利用热能为草坪加热，可谓最佳方式。将风能转换成热能，一般有风能—机械能—电能—热能、风能—机械能—空气压缩能—热能和风能—机械能—热能三种途径。前两种转换方式，由于转换次数多，总转换效率很低。相比之下，第三种转换方式具有系统总效率高、风轮的工作特性曲线与致热装置的工作特性曲线比较接近，易实现合理匹配。风热转换系统对风况质量要求不高，对风速的变化适应性强[88]。

把风能转换成热能的主要方法有固体摩擦致热、搅拌液体致热、液体挤压致热和涡电流致热四种方法。涡电流致热方式利用风力机动力输出轴带动转子，在转子外缘上装有磁化线圈，来自电池的电流磁化线圈产生磁力线，转子旋转时，定子切割磁力线，产生涡电流发热。定子外围是环形冷却液套，有热容量大、冷却性好的液体（如水和乙二醇的混合液）流过，将热量带走。此装置热转换能力强，体积较小，适合景观草坪和水体冬季加热使用。

4.3.3 生物质能及利用方式

景观中存在大量的生物质能。植物新陈代谢的落叶、定期修剪下来的草叶，景观中的动物粪便、公共厕所的人类粪便都是生物质能的重要来源。将这些原料集中起来进行生物发酵便会产生大量的沼气，沼气燃烧就可以释放热量，这种热量传输给景观草坪土壤就可以提高地温，实现草坪生长的景观效果。另外，沼气也可以直接为景观管理人员提供烧水做饭的热量来源。沼气废渣废液还是植物生长良好的有机肥料。生物质能在冬季使用的缺陷是由于温度低，其发酵效能会大大降低，产沼量会下降，因而需要其他热能对发酵池进行增温，进行综合开发利用。

4.3.4　生产生活废弃能及利用方式

　　城市人工景观不同于自然景观之处在于它不是孤立存在的，一般周边都存在密集的工业生产或居民生活区，由生产生活而产生的热量非常巨大，成为导致城区温度高于郊区温度的直接原因。生产生活产生的废弃能成为景观热能的重要来源，这不仅不需要专门生产热能，而且还会因为热量被转化利用，对城市生态环境的改善产生良好的促进作用。按照能量守恒定律，能量是不会消失的，只是在不同的介质之间转换，如果这种能量未被正确地利用，那么就会产生负效应。冬季生产、生活中产生的热能是不可能完全地被利用的，过剩的能量就被释放到环境中，对环境产生不良影响。恰当地利用这些废弃能不仅对环境产生益处，而且可以促成"冬令春景"景观的形成，是一个重要而且便利的方法。

4.3.5　地热能及利用方式

　　地热能分为浅层地热和深层地热。深层地热源自地球的生成过程和地球自转形成的热能蓄积，这种地热资源非常巨大，经常随地壳地变动以火山喷发等形式释放热能，因对其使用后会对地球自身带来何种影响目前科学界并不清晰，而且开采技术并不成熟，虽然在冰岛、丹麦等国家对其有所利用，但因其接近地表利用方便才得以实施。浅层地热能其实是太阳能的一种转换形式，太阳照射土壤，土壤吸收并储存了太阳的热能而形成这种浅层地热能，由于太阳辐射能对于地球而言是循环可持续的，所以这种热能已被广泛利用。浅层地热可以通过热泵装置为冬季景观草坪土壤直接提供热能。温泉就是地热能的对水的直接蓄能，利用温泉水通过草坪常绿景观技术装置就可以向景观草坪土壤输入热量，保持草坪的冬季生长，因而保持常绿的视觉效果。

　　以上阐述的各种绿色能源，有的可以通过一定的技术装置直接向景观草坪提供热量，有的则需要由绿色能源开发为二次能源再转化为热能输送给景观草坪土壤，如风能要先转化为电能，再由电能转换为热能。这需要根据具体景观、具体环境所具有的热源具体分析加以利用。

4.4 实现冬季微生态景观草坪常绿的技术原理

4.4.1 热能需求

冬季,空气的热量散耗大,如果给草坪增加热量,要从草的根系入手。土壤较空气拥有更大的蓄热能力,而且向外部环境的热量散佚也较慢。给草坪的根系持续不断地加热至其生长的热量,就可以保证草坪在冬天依然呈现绿色的景观面貌。热能的来源如前文所述,可以用太阳能、风能、水能、生物质能、生产生活废弃能、电能等作为供热源。通过热能的收集与转化和控制,传导给载热中间体,通过一定的热能装置,将热量传递到草坪生长的土壤,即可完成对草坪根的加温效果,如图4.3所示。

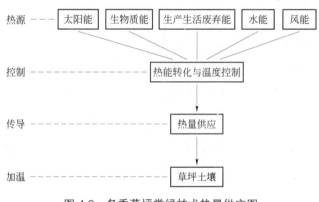

图 4.3 冬季草坪常绿技术热量供应图

1. 景观中热源的收集

收集环境中的热量是实现冬季草坪常绿技术设计的第一步,并需要针对所选用的能源种类,根据不同设计需要而设计不同的集热途径。总的来说,太阳能、热水能(包括废弃热水能)都可以直接转化为草坪土壤所用的热能。风能可以转化为电能并储存,再由电能加热传导中间体,才能给草坪土壤加温,也可以利用风能直接产

生热量供给草坪。生物质能产生的沼气以及固体垃圾都要经过燃烧加热传导中间体才能给草坪土壤提供热量。具体采用何种能源，需要按照低技术、低成本理念，因地制宜，因能而用，根据景观设计的具体系统特征来确定，不能简单复制模仿。

2. 景观中热量的储存

在热能的收集过程中，总会面临每天的收集量不同的现象，这就需要对收集的热量进行集中的总量储存，设计热能存储器，最好是能够与景观建筑或景观设施相结合，不影响景观面貌。如冬季太阳能的收集就会因为天气的变化而无法保证每天的收集量相同。

3. 景观草坪的热能传导

热能的传导需要导热中间体和导管来实现。既经济又实惠的中间体是水，水的热容量较大，蓄热比高，是良好的导热载体。蓄积在集热器中的热量对水加温，加温后的水传导到土壤中。能量总是会从高向低传递，冬季的表层土壤温度低，加温后的水温高于地温，就会将热量从水中向土壤释放，因而起到给土壤加热的作用。导管主要用来容纳导热中间体，让中间体按照人为设定的路线进行传输。

4. 对土壤和草根加温

热量通过导热中间体传导到土壤中，土壤吸收中间体带来的热量，温度不断升高，同时将吸收来的热量传递给草的根系，根系在适宜的温度下可以继续保持其生化属性——吸收土壤中的水分和养分，向草的茎叶部分传递能量，使草的茎叶继续生长，从而保持草坪在冬季依然能够呈现绿色的景观效果。

4.4.2　热能设备装置

热能装置是从集热到散热的传导设备的统称，包括集热器、蓄热器、中间体加热器、热传导管线、动力设备、电源设备等。集热器是收集景观环境中热量的容器，集热器因收集的能量来源不同而不同，如太阳能集热器有真空管、中空金属片等形态，而生物质能的集热器就是沼气池或者焚烧炉等；中间体加热器是指利用收集来的热能给导热中间体加热的容器，并与热传导管线相连，让导热中间体通过管线将热量传递给草坪土壤；动力设备主要是指驱动中间体在管线中流动的循环压力机器，如水泵等；电源设备是指给动力泵提供电能的电气配件等，如电缆、电线、开关、插头插座等。草坪热能装置选用的具体材料和设备应因地制宜，根据不同的热能来源、地形、地势、土壤状况而进行单独方案设计，目标是以最小的投入获得最大的回报，以实现最佳的经济价值和景观效果相统一。

4.4.3　温度控制与调节

温度控制是草坪冬季常绿技术的一个关键点，传递给土壤的温度过高或者过低都不能合理地实现冬季草坪保持常绿的效果。通过前文对冬季草坪根系的研究发现，只要能够提供 10~18℃的温度，即可保证草坪根系的生长，因而需要把供给草坪土壤的中间体温度控制在这个范围内。而集热器中吸收来的热量温度可能或高或低，直接传导给草坪土壤是不行的，因而有必要对输送给中间体的热量温度进行调节，这样，通过调节适宜的温度可以保证草坪慢速的生长，呈现绿色，又不至于因温度过高、生长过快而使草的茎叶被冻伤。这需要将热能传导技术与草坪种植技术相结合，完成草坪在冬季的生态和审美双重效果。

4.4.4　冬季常绿草坪的维护管理

冬季草坪在热能供应的状况下，实现了正常生长，但不等于就可以放任自流而不加管理了。在正常生长情况下的草坪同样需要阳光、空气、水、营养成分的补充以及保持正常生长的土壤温度。定期的根据草坪生长的状况和降水情况，给草坪补充水分在冬季依然必要。肥料特别是有机肥料的补充对于冬季生长也是不容忽视的，加强草坪的能量补给也是提升草坪草自身抗寒能力的重要保障。而在冬季草坪常绿技术中，草坪土壤的温度是否适宜是冬季草坪常绿的技术关键，管理者需要根据天气情况的不同，适度调节地温的高低，使得草坪能够在可控的景观效果和植物保墒范围内生长。其中，霜冻就是一个需要关注的草坪管理问题。由于冬季空气温度低，而

且夜间的温度更低，因而除了适度控制地温维持草坪茎叶处于一定高度外，还应定期对草坪进行修剪，以避免其茎叶过长，距离地面过高而被冷空气冻伤。特别是对于草坪应对恶劣天气需要细化管理流程。

4.5　实现冬季微生态景观草坪常绿的实验

经以上技术原理研究发现，作为多年生的景观草坪草的生长条件，既由其植物属性的内因决定，又受到气温、地温、地势地形等外因的影响。

研究人员利用以上技术原理，使用冬季草坪常绿技术装置（专利号：ZL201320335721.9），在山东济南选择实验场地连续两年（2012—2013年冬季和2013—2014年冬季）进行了技术实验，对草坪能否实现冬季常绿做了具体实验。

4.5.1　实验目标

实验目标包括以下内容：第一，通过对草坪土壤加热观察能否实现冬季微景观草坪常绿；第二，种植同样的草坪，观察加温区域草坪与不加温区域草坪的生长差别；第三，记录实验过程中的气温、加热能耗、不同层面地温数据，以期推理验算草坪土壤加热的热传导规律和投入产出关系经济性指标。

4.5.2　实验内容

1. 实验地点及时间

实验时间，2012年11月15日—2013年3月15日，实验地点，济南高新区山东爱普电器有限公司厂区景观场地。实验时间，2013年11月15日—2014年3月15日，实验地点，济南历城区王舍人镇宿马张家村社区别墅前。

2. 实验品种草皮选择

购买济南凌志草园林绿化有限公司冷季型草坪草品种"早熟禾"。

该草在我国各省、亚洲其他地区、欧洲及北美地区广泛分布，是一种常见的耐寒能力强，草绿期长的品种。其生长规律是每年12月中旬枯萎，来年3月可复青，是一种被园林种植业广泛采用的草坪草品种。

3. 实验场地状况

选择的实验场地基本上都是东、南、西三面开阔，能保证在天气良好的情况下阳光照射充足。北面有建筑物或树木，可以遮蔽北风。土壤肥力状况一般，实验过程中未撒施肥料。实验场地东西长10m，南北宽0.6m，总面积6m²，其中，土壤加温区域8.8m×0.6m，共计5.28m²，常温区1.2m×0.6m，共计0.72m²。

4. 测量设备设置

自地表以下30cm向上每5cm设置一个热偶测温探头，直至草叶末梢点，如图4.4所示。并对其显示的温度数据在一天内分早（7：00）、中（14：00）、晚（20：00）做全程记录。加热器和水泵单独与电表相连，对加热用电量及输送用电量分别记录。

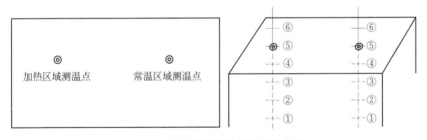

图4.4 冬季草坪测温点设置示意图

5. 能源选择

为获得便于不同能源转换的计算数据，本实验采用电能作为能源，分别用电表记录其电能的每日消耗量及消耗总量。

4.5.3 实验过程

1. 设置恒温集热水箱

用泡沫周转箱作为盛水容器，进出水口分别与地暖管相连，加热最高温度设定为适宜草根生长的温度18℃（图4.5）。

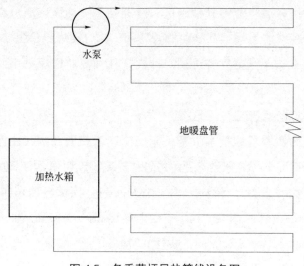

图 4.5　冬季草坪导热管线设备图

2. 铺设导热管线

将实验地块分为加温区和非加温区两部分。加温区在距离地表 30cm 埋设 PECT 地暖盘管（S 形），填土后将草皮覆于土壤之上（图 4.6）。非加温区则利用平常土地，疏松后覆盖草皮。两区连接处隔木板，以防止加热土壤的热量向非加温区散失。以此来对比两块草坪草的冬季生长情况。

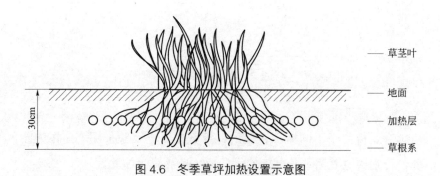

图 4.6　冬季草坪加热设置示意图

3. 设置测温器

如图 4.7 所示，自地面以下 30cm 每隔 5cm 设置一个测温探头，考察土壤不同层次的导热状况及草坪地面以上至草梢的温度变化数据。

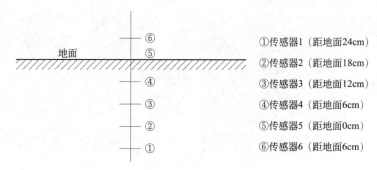

①传感器1（距地面24cm）

②传感器2（距地面18cm）

③传感器3（距地面12cm）

④传感器4（距地面6cm）

⑤传感器5（距地面0cm）

⑥传感器6（距地面6cm）

图4.7　冬季草坪温度传感器设置示意图

4.电能消耗测量与记录

所有消耗电能的电力设备都分别与电度计量表连接，每天记录耗电量以计算加热、输送所需要的用电量。

5.观察、测量与记录

专利装置上设有温控器，温控器设定温度为18℃；草坪的传感器使用热电阻测温器，通过电子温度显示器测量实时地温。每天分早（7：00）、中（14：00）、晚（17：00）三个时间点，观察草的直觉状态，记录当日气温、地温和实验装置消耗的热量数据，并用玻璃杆式温度计测量气温和地温，以验证电子温度计的准确度。

4.5.4　实验结果及分析

1.视觉感官结果

通过两个冬季的实验，草坪能够正常生长，呈现一片绿色。在实验的土壤加温区域，由于加温装置的作用，地温升高。草皮种植一周后，草皮生出新根，表明草皮开始正常生长。而未加温区域的草皮未出现生根现象。在实验期间，最低气温曾达到−15℃，但加温区域草坪未出现冻死冻伤的情况（图4.8）。3月初，该实验区域草坪提前返青（图4.9）而常态草坪尚处于休眠状态（图4.10），未加温区域的草坪呈黄色，与加温区域草坪形成鲜明对比（图4.11）。

图 4.8　加温区域草坪呈绿色　　　　图 4.9　加热区域草坪提前返青

图 4.10　同时期常态草坪尚处冬眠　　图 4.11　同时期未加温区域与加温
　　　　　　　　　　　　　　　　　　　　　　区域的对比实景

2.加温区域温度的纵向分析

在一天内，不同的时段，地温 1 基本是恒定的，显示整个冬季温度的平均值为 17.6℃，而济南地区常年平均地温在 15℃ 左右，证明 18℃ 的水循环散热发挥了作用。由温度计 1 至 6，温度呈现递减趋势，与高青等测算的土壤热传递系数的计算方式基本相符 [89]，平均每 5cm 降低 2℃，因此表明若要获得冬季草坪生长较好的效果，应尽量使加热水管层接近草坪根部。但是，冬季草坪草生长过高也许会产生茎叶被冻伤现象，因此冬季必须进行草坪修剪。温度计 6（草梢位置）略高于当时气温 10% 左右，这说明草坪自身具有一定的保温功能（图 4.12）。

从图 4.12 可以看出，当日早中晚三个时段，加温区测温点的数据显示地温 1、2、3 的全天温度都相对稳定（地温 1 的深度在地面下 30cm，地温 2 的深度在地面下 25cm，地温 3 的深度在地面下

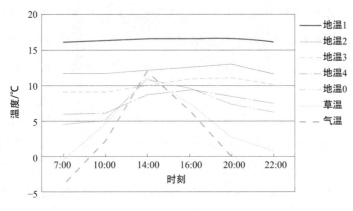

图4.12 2013年2月19日一天内不同时间地温变化

20cm），这与该土层有持续性加热以及土层较厚，保温性较好两方面有关；而接近地面的4、5、6测温点由于离加热源间距大、土层薄，受太阳辐射和大气温度影响大而变化明显。

3. 加温区域与未加温区域的数据比较

从图4.13中可以看出，在冬季的常温状态下，在入冬前一个月，地温随气温的变化比较明显，地温随着气温的下降而逐渐下降，说明土壤与大气的热交互作用非常明显；而在12月16日后，地温逐渐趋于平稳，除地面土壤地表下5cm处地温随气温规律性升降外，其余3个测温点的曲线变化平稳，这说明土壤与大气热量交换达到一定状态时，基本实现了交换平衡，土壤的导热性低于大气，因而起到一定的保温作用。而进入2014年2月23日后，地温开始随着气温的升高不断升高，此时的大气温度已经远远高于地温，热量开始从大气流向土壤，土壤吸热而温度升高。

从图4.14中可以看出，在加温区域，土壤的温度1~4变化相对平稳，但从折线的变化看也受到空气温度变化的影响，而地表土壤5和草梢温度6受空气影响最大。从图4.14中也可以看到，地表温度5明显高于草梢温度6，这是草坪对于地表土起到了一定的保温作用。

图4.15表示加温土壤中4个测温点的温度普遍高于常温区的温度值5℃以上，草梢温度6在加温和常温区几乎接近。

图 4.16 是常温状态下，测温点 1（地表以下 30cm 处），测温点 2（地表以下 25cm 处）与草梢温度 6（几乎相当于气温）比较图，可以看出地温相对于气温而言相对变化平稳，这与土壤自身的导热性质有关。

图 4.17 显示的是在加温状态下地温 1、2 和草梢 6 温度的变化曲线，从图 4.18 中也可以看出，与气温相比，地温变化相对平稳，这与土壤自身的导热性质有关，说明土壤具有良好的保温作用。

图 4.18 将常温和加温状态下测温点 1、2、6 进行了集中对比，可以清晰地看到地温有随气温波动的趋向，但波动幅度不大；加热区域地温高于常温区域地温 5℃以上；草梢的温度两个区域基本接近；草坪加热区域测温点 1 和 2 的平均温度在 14℃左右，说明给予土壤加温热量控制在 18℃比较保守，该温度虽在草根生长的 12~18℃的范围内，但对土壤导热的预估过高，没有达到草根生长的上线温度值。而且，地下 30cm 为草根生长的极限深度，在此层面加热对草坪生长的直接作用减弱。这是以后的实验或实际工程中应该总结的经验。

4. 实验经济成本核算

整个实验期为 108 天，总用电量 576kW，其中水泵输送循环加热水用电量 18kW，加热用电量 558kW。按照当地电费收取标准 0.8 元 /kW 计算，整个冬季用于草坪实验的用电总费用为

$$576kW \times 0.8 \text{元} /kW = 460.8 \text{元}$$

其中，水泵耗电费用为

$$18kW \times 0.8 \text{元} /kW = 14.4 \text{元}$$

加热耗电费用为

$$558kW \times 0.8 \text{元} /kW = 446.4 \text{元}$$

实验草坪加温面积 4.8m^2，整个冬季耗电费用如下：

加热全周期内每平方米费用为

$$446.4 \text{元} \div 4.8m^2 = 93 \text{元} /m^2$$

加热日均每平方米费用（按照实验天数 108 天计算）为

$$93 \text{元} /m^2 \div 108 \text{天} = 0.86 \text{元} / (m^2 \cdot \text{天})$$

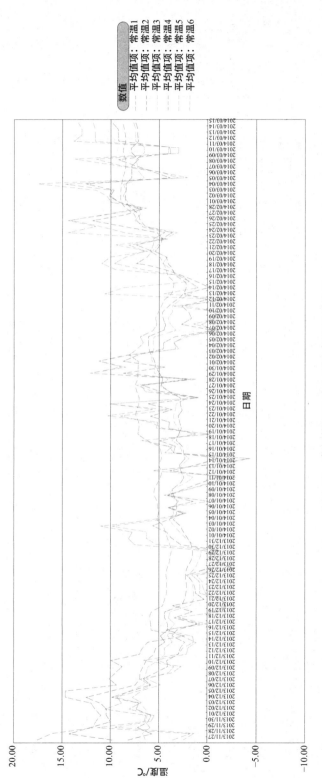

图 4.13 常温状态下 6 个测温点的变化图示

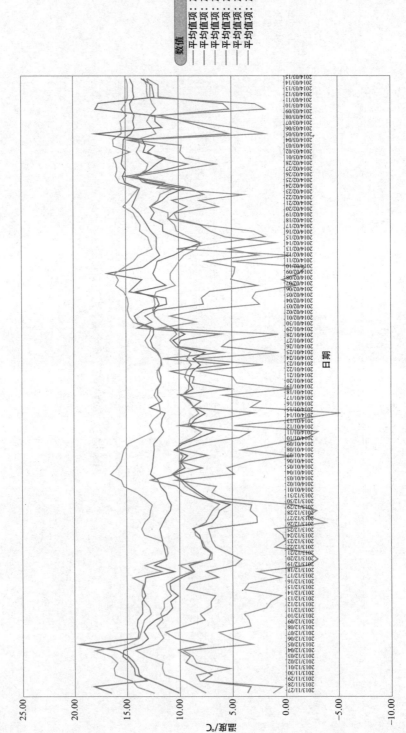

图 4.14　加温状态下 6 个测温点的变化图示

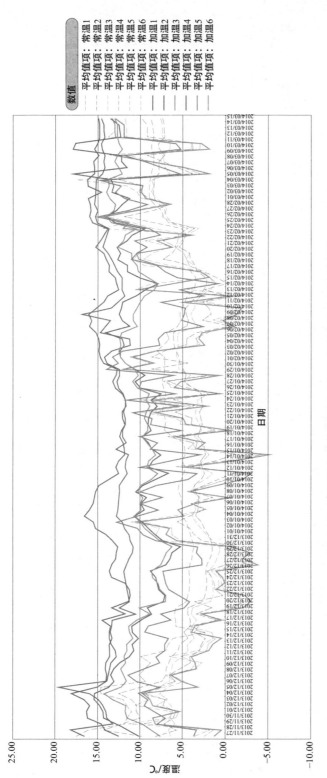

图 4.15　常温和加温温状态下 6 个测温点变化的关系比较图示

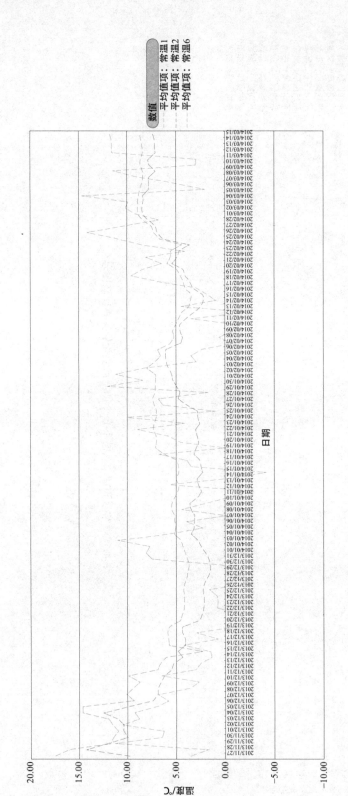

图 4.16 常温状态下 1、2、6 测温点的变化图示

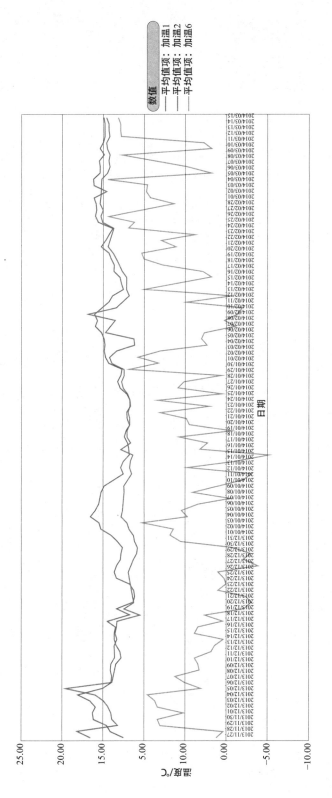

图 4.17 加温状态下 1、2、6 测温点的变化图示

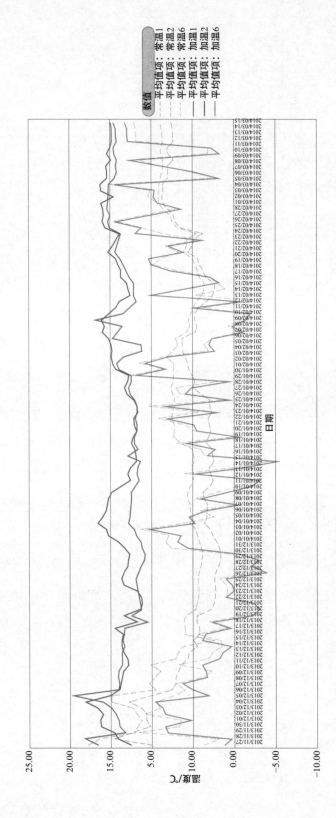

图 4.18 常温和加温状态下 1、2、6 三个测温点变化的关系比较图示

冬季

设计与应用

微生态景观

水泵输送耗电每平方米费用为

$$14.4 \text{元} \div 4.8\text{m}^2 = 3 \text{元}/\text{m}^2$$

水泵输送耗电每日每平方米费用（按照实验天数108天计算）为

$$3 \text{元}/\text{m}^2 \div 108 \text{天} \approx 0.028 \text{元}/(\text{m}^2 \cdot \text{天})$$

由此可以看出，耗电费用的96.9%用于草坪的加温，而水泵输送循环的费用仅占耗电费用的3.1%（图4.19）。如果将热源由电加热替换为其他绿色可再生能源，如太阳能、地热能、生物质能或生产生活废弃能，那么热能投入将变为0，而获得同样效果的冬季草坪能耗费用仅为每天0.028元，投入产出比则相当可观。

图4.19 耗电费用比例图

表4.1显示，合计设备物料投入409.8元，折合每平方米投入68元，折合到每天的投入为0.62元，需要指出的是这里的设备成本投入是按照一年期进行的成本计算，像管线等设备的使用寿命可达20年，电子仪器的使用寿命也在5年以上，如果全部按照5年期计算，这类的设备成本就变得非常低廉（图4.20）。

表4.1 实验设备总投入表

名　称	数　量	单价/元	金额/元
地暖管	18m	2.6	46.8
加热棒	1只	50	50
温控器	1只	95	95
电子测温器	12只	14	168
电表	1只	20	20
电缆	10m	3	30
合计			409.8

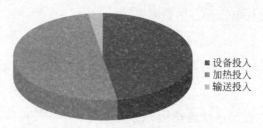

■ 设备投入
■ 加热投入
■ 输送投入

图 4.20　实验总投入比例图

　　综上所述，本课题通过两次冬季的实验，证明利用一定的能源加温装置技术，对草坪的根部土壤进行加温从而为草坪提供根部的生长热量，可以实现冬季草坪的常绿效果。通过实验数据的分析进而推理得出，越是冬季寒冷的地区，其加温层距离 0cm 地面应越接近，以避免冻土的形成；另外，加温的温度也可以进行适度的调节，以期达到草坪最佳的冬季生长效果。如果采用太阳能、地热能、生产生活废弃能等绿色可持续能源作为草坪加温的热量来源，将会大大降低加温费用。这样就在微景观中综合利用环境中自然存在的能源，巧妙地实现草坪在冬季的生态功能，改善景观中的微气候状况，提高人们在冬季的景观感受，改良景观设计在冬季景观中的设计方法，实现景观设计系统的全生命周期效应，为区域微环境的生态化改进做出应有的贡献。

4.6　趵突泉景观草坪冬季常绿案例分析

4.6.1　项目地点概况

　　趵突泉公园位于济南市区，是中国十大优秀园林之一。济南地处山东中部（东经 117°00′ 北纬 36°40′ ），老城区三面环山，北邻黄河，南部山区与泰山相连，整个城区地形略呈盆地形状；属温带大陆性气候，四季分明，冬夏时间长，春秋时间短。1 月和 7 月分别是最冷和最热的月份，月平均气温分别是 −0.2℃和 30.4℃，年平均气温一般在 14℃。关于趵突泉的记述最早可追溯到公元前 3543 年，现在的泉池为宋代大文豪曾巩所建，清代乾隆皇帝御笔书写的"第一泉"碑仍立于观澜亭北侧。趵突泉公园内的泉眼众多，金线泉、马跑泉、漱玉泉等泉池分布在公园的各处，其中以趵突泉规模最大，泉池占地 600m²，三股泉水喷涌而出，最高纪录曾达26.49m。由于泉水来自地下石灰岩层，因而不论春夏秋冬水温恒定在 18℃左右。

趵突泉的植被主要由乔木、灌木和草坪组成。乔木以济南市的市树"垂柳"为主，间杂松树、柏树、白杨、白蜡、枫树、槐树及少量的果木，灌木则主要是冬青和小叶黄杨等，草坪草多为早熟禾品种。如同中国北方的其他城市一样，趵突泉的冬季树木除松柏外，其他植物都会出现树叶凋落、一片萧瑟的景象。

4.6.2　趵突泉常年水温 18℃的成因

济南城区三面环山，北面是河床高于水平面的黄河，城区呈盆地状，四周的降水成为地下河的主要补给水源。尤其是南部山区，夏季暖湿气流在山坡地势抬高的作用下，遇冷形成丰沛的地形雨，给济南的泉水水系提供了丰富的水源。由于四周高中间低，水往低处流，在连通器原理的作用下，在城区岩层的薄弱处形成了自喷井，因而有了趵突泉泉水喷涌的景观效果。

关于泉水的来源自古以来众说纷纭，在 20 世纪 90 年代经过实验证明济南泉水来自南部山区。南部山区的岩层以石灰岩为主，由于密度小，被水侵蚀后形成溶岩和溶洞，成为地下河的主要通道。而济南北部岩层为辉长岩，密度高、坚硬抗侵蚀，南来的水源到此无法再向前渗透而必然回流，形成自喷井效果。另外，地下水在流经石灰岩的过程中由于石灰岩释放热量而使水温增高，常年基本保持在 18℃（图 4.21）。

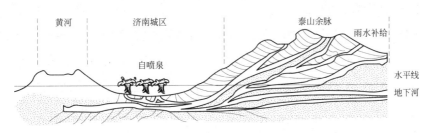

图 4.21　济南趵突泉泉水成因示意图

4.6.3 项目技术原理

草坪根系生长的温度在 2~15℃，说明在此温度下草坪根系不会被冻死，草茎叶的生长适宜温度在 15~24℃，在这一温度范围内可以使草坪保持绿色。在冬季有太阳的中午，气温达到 15~24℃ 是有可能的。趵突泉水的温度在冬季仍然可以保持在 18℃，如果将平时白白流走的泉水用一种装置置于草坪地表之下，就相当于给草坪添置了一个"温床"，持续的恒温水流就可以给草坪土壤持续地加热，从而使草坪获得适宜生长的温度，可以使草坪呈现绿色。

在草坪地表下 30cm 处铺设地暖管线，管线入口与出口均与泉池相连。利用水泵将趵突泉泉水注入地暖管中，这样 18℃ 的泉水就在管线中循环流动，流动过程中，由于土壤温度低于管线水温，因此，水管与土壤之间产生热交换，土壤温度会随着升高，通过地暖管的热量释放使得土壤温度能够升至 15~17℃，可以使草根生长，当地温达到 15℃ 以上，草的茎叶就可以生长，从而保持冬季趵突泉公园的草坪冬季呈现一片绿色和生机。

4.6.4 案例项目的启示

趵突泉冬季草坪常绿的案例是一个因地制宜、因地取能的典型案例。作为冬季草坪的热能来源，温差热能在景观中多有存在，这需要善于发现、善于借用存在于景观之中的能量，通过技术设计人为地改变景观中能量流动的路径，把废弃的免费的热能量"借"用到景观草坪的土壤之中，成为冬季草坪土壤加热的热量来源，就可以以低成本、低技术的方式实现景观在冬季完全不同的景观效果。这种冬季景观效果的出现，不仅增加了环境的美感，而且改善了景观的微气候，提高了景观的舒适度，在寒冷的冬季为人们增加了一份暖意，从而实现了"微生态景观"的新面貌。本书让冬季的景观特别是类似于趵突泉这样的古典风景园林公园走出了冬季经营的困境，开启了"冬令春景"的微生态景观新模式，提升了经济效益和社会效益。

第5章

冬季微生态景观水体液态化技术分析与实验

【本章导读】

　　本章从景观水体的分类、冬季景观水体的现状阐释了冬季景观水景的基本概况，针对景观水体作为景观设计中的重要组成部分和冬季景观水体在冬季自然气候影响下出现的严重现象，提出来如何发挥设计的能动作用，在冬季恢复景观水体的活力，改善冬季"微生态景观"面貌和现状的问题。冬季水体失去活力的主要原因来自于气候的影响，而气候对水体影响的关键是低气温严重稀释了水体中的热量，从而使景观水体从液态化转化成了固态化，固态的水体（冰）失去了视觉意义上的流动感，体感意义上的温暖观，增加了心理意义上的寒冷干燥感和生态意义上的生命感，因此本章切入景观水体液态化的关键——热量，进行了详细的阐释，对景观水体与环境的热能交换、水体自身内部的温差热能、由外部环境向水体内部输入热能来源进行了剖析，为实现冬季"微生态景观"水体的液态化寻找到可以在水体自身和外部环境中利用的热量来源。景观水体自身内部的温差能依不同的水体会有较大的差别，甚至有的水体

自身的温差热能不能满足使景观水体液态化的能量需求，因而需要向景观的外部环境借用能量。

　　本章还对冬季可为景观水提供热能的可再生能源分别进行了阐释。广泛存在于景观环境中的太阳能、风能、生物质能、生产生活废弃能、地热能都是可以为景观水体提供热量的来源，对于这些能源的存在方式和利用方法，本章也分别进行了论述，为技术的设计和实施提供了物质基础。技术的支撑是实现景观水体液态化的重要方面，本章以实现冬季景观水体液态化的技术原理分析为切入点，全面搭建了包括热能需求、景观中热量的收集、景观中热量的储存、景观水体的热能传导、对景观水体的加温、热能设备装置、温度控制与调节、冬季景观水体液态化的维护管理在内的微生态景观水体液态化技术系统，并通过技术实验和齐鲁软件园冬季景观水体液态化案例分析，充分阐明了技术的基本路线，验证了对景观水体可以实现液态化的理论预测。这不仅证明了该技术的可行性，而且为搭建"微生态景观"的设计理论构架提供了技术支撑和实践依据。

5.1 冬季景观水体的基本概况

景观水体是景观构成的重要组成部分，对于景观系统的整体而言具有重要地位。在中国的传统园林营造中，素有"有山皆是园，无水不成景"的设计原则，水被称为"园之灵魂"，中国古代造园师依此创造了独到的理水手法，对世界上许多国家的园林艺术都产生过重要影响。在现代景观设计中，水体更是呈现出了多姿多彩的面貌，或喷涌百米，或涓涓细流，或平静如镜，或跌宕起伏，给人们亲水、观水提供了多视角、多维度的景观感受。

由于水体昼夜不停地蒸发，可以为景观空气提供宝贵的水汽，形成湿润清新的微景观小气候。水汽有利于空气中尘埃的吸附和沉降，还可以减少或抑制各种细菌的传播，有益于人们的身心健康。另外，通过水汽分子的漂移，可以对水体周围的植物提供水分，促进植物的光合作用，进而吸收更多的二氧化碳，释放更多氧气，利于环境生态化的形成。由于景观水体的存在可以显著地增加空气湿度、提高负氧离子的含量，减缓气温日变幅、缩短高温或低温持续时间，提高环境的舒适度，在小范围内起到了调节气候的生态作用。

我国北方城市冬季气候寒冷，大部分景观水体一般都会处于冰冻状态。华北大部分地区室外景观水体一般要从当年的 11 月开始进入结冰期，直至来年 3 月才开始融化结束。随着景观水体进入固态状态，水自身对环境的生态作用开始减弱，然后几近消失。尽管固态水（冰）仍有升华的物理特性，但释放到大气的水分子量非常少，几乎起不到湿润空气、改善空气质量的作用。

景观水体冬季结冰后，不仅对环境的生态作用降低，而且会对景观设施造成严重的破坏。在北方地区每年 1 月为最寒冷的时段，人工景观湖面或水池结冰后，由于水从液态凝固为固态时体积会增大，膨胀的湖面冰体挤压湖岸，这样就会造成水景驳岸（特别是混凝土材质的驳岸）破损、断裂，因而带来巨大的经济损失。同时，置于景观水体中的喷泉水泵、管线、喷泉灯等水景设施，也会因水体结冰冻裂而造成损坏[90]（图 5.1）。目前，各地景观管理部门为了

图 5.1　冬季水池冻裂的现场图景

减少景观水体在冬季因水体结冰而造成经济损失，人们多采用将水池中的水抽干的方式，来维持水景设施的过冬问题。但这样一来，景观水景也就由此消失，留下的只是光秃秃的空水池和裸露的水景设备。瀑布从此没有了飞流直下的水帘，剩下的只有石壁；蜿蜒的小溪也没有了涓涓细流，变成干枯的沟壑。原本是美化环境的水体却成了摆设，冬季的水景不但缺失，而且破坏了城市景观，也造成极大的经济浪费。

　　景观水体在冬季呈现结冰状态，不仅造成了景观生态的缺失和经济上的损失，而且给人们在心理上造成极为严重的寒冷感。面对反射着寒光的冰面、四周树木光秃秃的枝条、枯黄的草地，会让人产生生命就此结束的悲观情绪，勾起生活中的诸多不如意的负面念头，寒冷、孤独、畏缩、消极、郁闷、无助、寂寥等心理和情感，对人们的身心健康产生不良影响。冰冻的景观水景还会对水生植物和动物的生存造成威胁，水生植物全部枯萎，水禽的栖息地被严重破坏，鱼在冰体覆盖下因缺氧而大量死亡。总之，在冬季的北方城市景观中，由于季节原因造成景观水体的景观审美和生态效果完全处于缺失状态。

5.1.1 人工景观水体的形态分类与功能

水是构成景观、增添美景的重要因素。在景观艺术设计中，水体已成为十分重要和活跃的设计要素。平静的水常给人以安静、松弛、安逸的感觉；流动的水则令人兴奋和激动；瀑布气势磅礴，令人遐想；涓涓的细水，让人欢快活泼；喷泉的变化多端，给人以动感之美。在景观水体设计过程中会基于场地环境分析基础，并考虑使用人群的需求及心理行为因素，对水体进行定性，包括确定水体使用功能、形式和水体运动类型等内容。

1. 水体的常见造型

按基本形状分类大致可以分为点状喷涌的水体，如喷泉涌泉、雾泉等；线状流动的水体，如瀑布、水道、溪流、水渠；面状平静的水体，如水池、湖泊等；从动态上还有跌落式的水体类型，如瀑布、水梯、跌水、水墙等。

（1）喷泉。喷泉又可以分为普通喷泉、旱喷、雕塑喷泉、水幕等形式。普通喷泉是一种比较常见的形式，一般喷泉、浅池喷泉、自然喷泉、舞台喷泉，盆景喷泉等都属于这一类型。旱喷是指喷泉喷头等设备隐于地面以下，喷水时喷出的水柱通过地面铺装孔喷射出来，不喷水时表面整洁开阔，行人可以正常通过或玩耍。它的好处在于既不占休闲空间又能观赏喷泉的效果。雕塑喷泉是喷泉与雕塑结合的方式，在喷泉动态效果的促进下雕塑的主题性被强化。水幕喷泉是成排喷水，形成像幕墙一样的水体效果，也有与墙体或玻璃结合制成类似涩水的景观，水幕具有隔声作用。

（2）瀑布。瀑布是水体从一定高度沿着岩石或人工构筑物表面几乎垂直流落下来的具有一定体量的水体景观。瀑布可分为水体自由跌落的瀑布和水体沿斜面或台阶滑落的跌水两种形式。这两种形式因瀑布溢水口高差，水量、水流斜坡面的不同，可产生各式各样不同的水体姿态。自由跌落瀑布主要有自然瀑布景观和人工瀑布景观两类。人工瀑布因用水量较大，通常采用循环水的方式完成水的补给。跌水是指规则形态的落水景观，多与建筑、景墙、挡土墙等结合，具有形式之美和工艺之美，规则整齐的形态比较适合于简洁明快的现代园林和城市环境。

（3）水池。水池是呈面状的水体形式，水池形态主要采用几何形或自然形。水池水体有动静之分。动态的水池有喷水池、瀑布池、活水池等，以水的动态为主要欣赏对象；静态的水池是以周边景物在水中的"倒影"为主要欣赏对象。除此之外，水池水体的形式与水池边界限定方式有关。水池因限定方式不同而大小不同且具有各种平面形态，其中限定因素可以是池岸、构筑物、植物、雕塑等。

（4）水道。水道是指处于经常性流动的水体形态，在长度上的线性具有延伸特征。水道的限定因素是水道设计的重点，它影响到水流的形态和水面的形式。限定水流的护岸、临水的建筑物与构筑物、植物等形式都是重要的设计因素。

2. 水体功能

水体功能概括起来可分为主景功能、基底功能、纽带功能、主题功能和限制视距功能五大类功能。

（1）主景功能。主景功能是指水体在景观中、在空间上处于主景的位置，配合动态水景的形和声，以及灯光照明等设施，使水体成为令人瞩目的视觉中心。

（2）基底功能。基底功能是指当水面宽大形成面的感觉，有托浮水岸和水中景物并形成丰富倒影的效果，此时的水面承担了景观基底的功能。

（3）纽带功能。纽带功能是指景观艺术中常用水体要素将各个散落的景点和空间连接起来成为统一的整体，此时的水体便起到了景观要素之间纽带的功能。

（4）主题功能。主题功能主要是指现代景观设计中以水为主题，让水贯穿整个景观设计的景观形式。各个景区均以水为主题，将水的各种形式和状态以艺术化的表现手法融为一体，使水的特性发挥得淋漓尽致、丰富多彩，形成以水为主题的景观效果。

（5）限制视距功能。景观艺术设计为达到某一艺术效果，常有采用强迫视距的处理手法。即利用水体、道路等迫使游人不得不经过或处于某一视点位置，从而观赏到主景最优美或最具震撼力的艺术构图效果。

水景设计中，依照水体的运动状态可分为平静、流动、跌落和喷涌四种基本水体类型。设计中往往不止使用一种，可以以一种形式为主，其他形式为辅，也可以几种形式相结合，多元化地展现水体的造型之美。水体的四种基本形式反映了水从源头（喷涌式）、渡（流动式或跌落式）到终结（平静式）的一般运动规律。在水景设计中，多利用这种水体运动过程来创造系列水景，集不同水体形式于一体，形成一气呵成之感。

5.1.2　冬季水体的物理特性规律探析

1. 水的三种形态

自然界的水有着三种存在形态。固态的冰雪、液态的水流和气态的云雾。水的三种形态由温度决定：液态水的温度为 0~100℃，气态水在 100℃以上，0℃以下则会凝结成冰。由此可知，水的三种形态之间变化的关键点在于吸收热量的多少，实现冬季景观水体的液态化的关键在于热量的供给。在寒冷的冬季，除了自然获得的热量外，只要能够给景观水体增加一定的热量就可以使水体不结冰而呈现液态。

2. 水的密度

水的物理属性决定了水的密度不是常数，它是随着温度的变化而变化的，而且两者的变化不是简单的线性关系。在水温为 4℃时，水的密度是最大值为 $1g/cm^3$，水温小于或大于 4℃时，水的密度都小于 $1g/cm^3$。含有盐分或杂质的水，其密度还要大些。例如海水在 4℃时，密度为 $1.02~1.03g/cm^3$。冰的密度比水要小些，例如当温度在 0℃时，水的密度为 $0.99987g/cm^3$，而冰的密度为 $0.91670g/cm^3$。水的密度随温度的变化状况见表 5.1[91]。

表 5.1　水的密度随温度变化一览表

温度/℃	0	2	4	6	8	10	20	30
密度/ $（g/cm^3）$	0.99987	0.99996	1.0	0.99997	0.99989	0.99975	0.99831	0.99578

由于体积与密度互为倒数，因此水的体积在4℃时为最小值。小于或大于4℃的水，其体积都要增大，所以水汽和冰块的体积都大于水，水凝结成冰时，体积将增加10%，水蒸腾成汽时，体积将增加更大。和水的密度一样，水的体积随温度的变化也不是简单的线性关系。

3. 水的比重

水的比重在温度为4℃时等于1，而冰的比重比水要稍轻一些，温度4℃时冰的比重为0.92，所以冰一般浮在水的表面。因为它只比水略轻，所以漂浮在水中的冰块只有10%的体积露出水面，90%的体积仍然沉浸在水中。由于冰的导热性能较差，在冰覆盖下的水就比冰面冷却得慢些。因而，在严冬时节，有冰覆盖着的较深水域，即使温度很低，冰也不致冻结到水底。

4. 水的导热与热容比

水在自然界中有其独特的导热和热容比特性。水的导热率较许多固体物质要小，却比气体要大。水在0℃时的导热率为0.00519J/（cm²·s·℃）（即沿着水的温度梯度方向，温度变化1℃时，在1s种内通过1cm²面积上的热量为0.00519J），土壤的导热率一般在0.00418~0.01674J/（cm²·s·℃）岩石的导热率可达0.0418J/（cm²·s·℃）左右，而空气的导热率只有0.000209J/（cm²·s·℃）（表5.2）[91]。

表5.2　水、空气及土壤、岩石导热率的比较

物　质	水	空气	泥炭	土壤	花岗岩	砂岩
导热率/[J/（cm²·s·℃）]	0.00518	0.000209	0.00837	0.01255	0.04058	0.04477

水体的热容量很大，因而使水具有和很强的蓄热能力。从自然景观中的海水蓄热与陆地土壤岩石蓄热能力不同而导致海洋气候和内陆气候的不同可以达到验证。夏天最热的月份对于内陆城市而言一般在6—8月三个月，而此时的海滨城市气温并不高，原因就在于海水大量吸收了太阳辐射的热量，并蓄积在水体中，而到了9—10月进入秋天的季节，海滨城市的温度并不像内陆城市那么低，原因在于海水这个巨大的热容体将6—8月蓄积的热量释放给大气，使

得大气温度上升，所以海滨城市的气温此时并不比内陆城市气温低，形成了海滨城市夏凉秋暖的海洋气候特征。

5. 冬季景观水体的水与冰

随着冬季的到来气温不断降低，夏季水体吸收的空气热量经过一个秋季不断地辐射给空气，自身热量储备越来越少，和空气的温度逐渐朝着平齐的目标不断靠近。当水面温度降为4℃时，水分子不断下沉到水体的底部。在空气温度低于0℃时，高于0℃的水体表面的水分子继续向冷空气释放热量，而当水面水温低于0℃时水面就出现了结冰现象。结冰是一个相对持续、逐渐渗透的过程，一般在无云的夜间进行的更加强烈（非常寒冷的冬季白天也同样会造成水面持续结冰），使得水体自与空气接触的表面向下不断冻结。随着液态水成为固态水（冰），结冰面的体积不断膨胀，开始挤压景观水池的池壁，在强大的冰张力的压迫下，池壁发生物理性的变形和碎片化的断裂，就造成了前文所提到的景观驳岸的严重损坏。同时，由于水面结冰的缘故，冰是没有液态水的蒸发作用的，因而冰面上的空气湿度和温润感与水面完全不同。在强冷空气下冰的升华现象（固态水转化为气态水）造成空气更加寒冷，造成人体强烈的不适。水体由液态向固态的转化，同时还造成了水生植物和习水动物的生存出现困境。总之，在我国北方大部分地区的景观水景都会呈现一片冰封的局面，是冬季严寒的写照，也是冬季景观被动地接受大自然的客观呈现。

5.2　热能与景观水体

5.2.1　水体自身内部的温差热能交换

由于水具有较高的比热容，因而景观水体具有很强的蓄热能力。水体与环境在昼夜之间、季节之间都在不断地进行着热能的交换。从一天来看，水体的热能在昼夜间进行着与环境的循环与交换。白天，水体吸收太阳辐射，将热量蓄积在水体内，所以人在有水的景观周围要比无水的区域感觉凉爽而且舒适度高；晚上，由于太阳辐射消失，空气温度开始下降，如果气温低于水温，那么此时水体就会向空气释放热量，所以水体周围的温度夜间会略高于无水体的区域。同样，从全年来看，夏季景观水体吸收太阳辐射，将热量蓄积在水体内[92]。秋天水体向空气中释放热能，所以在滨海城市，给人感觉最热的季节不是夏季而是秋季。实现冬季景观水体的液态化，要依靠对景观水体补充热能来实现。能够给景观水体提供热量的来源主要是水体自身的温差热能和外部环境输入的热能。需要指出的是，本书所指的景观水体是指为实现一定景观设计目标而修造的人工水体，不包括自然景观语境下的江河湖泊等水体形式。

在具有一定体积的水体特别是有一定深度的水体内部，由于不同区域接受热量和散失热量的不同而自身存在热量温差，这种温度高低之间的差异，就造成了热量从高向低的传导，从而形成温差热能（图5.2、图5.3）。

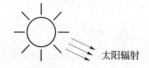

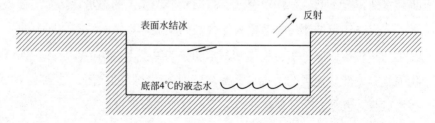

图 5.2　夏季水体内部水温分布

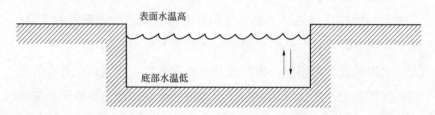

图 5.3　冬季水体内部水温分布图

水体自身的这种温差热能，需要从水的物理属性来解读。4℃是水的一个奇妙温度值，温度为4℃时密度为 $1g/cm^3$，值得注意的是4℃的水是液态，冰水混合物的温度为0℃，这说明在冬季的水体中自身就存在着温差热能。水在4℃时密度最大而体积最小，这种物理属性导致处于该温度的水会从水面向水底下沉，换句话说，就是处于水底的水温一般都在4℃。这一点对于水体的温差热能来讲是非常重要的。

在冬季，假设空气温度为0℃，而具有一定深度的水分子在4℃时会增大密度早已沉降于水池底部，这时的水温和水与空气接触面的水温相比是4：0，底部大密度的4℃的水与水面（冰面）之间形成了温差。对于此时的水面（冰面）而言，水池底部的水就可以成为它的热量来源。因此，在没有外部环境影响的情况下，水体自身内部就具备着热能来源。如果将水底4℃的水循环至冰面，就可以给冰面提供热量使其溶解，从固态冰变为液态水，这就是使冬季景观水不结冰可采用的自身温差热能的技术原理。

5.2.2 由外部环境向水体内部输入热能的方式

利用景观水体的外部环境向水体输入热能，特别是向水体与空气接触的界面（结冰面）输送足够的热量，从而可以实现其不结冰、呈现液态水的景观效果。与前文所阐述的水体自身温差热能不同，这种方式的热能来源不是水体内部，而是水体外部环境。这是一个非常浅显的物理原理和生活常识，生活中用火烧开水就是向水体输入热能而提高其温度的外源性能量输入方式，因而使本技术具有了很强的低技术特色。

水体外源热量输入方式在景观中应用，需要一定的技术装置作为热量输送的导体，本书利用于洪涛的发明专利技术成功实现了冬季水景呈现液态水，该技术不仅实现了景观水景不结冰的效果，而且获得了大量热能转换的原始数据。

水的形态因温度的变化而产生不同的变化，这为人们根据需要塑造水的形态提供了能动性，需要何种形态的水景完全可以通过增热、增温或减热、降温技术进行控制。如在寒冷的冬季，想让景观人工水体依然能够流动自如，微波荡漾，利用热能给水加热，使其温度在0℃以上，就可以实现"冬令春景"的冬季微生态景观水景效果。同时，掌握了景观水景热量来源的问题，就为景观水体在冬季实现不结冰的液态状态提供了物质保障。

5.3 冬季可为景观水提供热能的绿色能源及利用方式

尽管利用煤炭或石油为原料的电力热能用起来更为方便快捷，由于其对环境造成的污染负面效应和其不可持续发展的原因，作为景观水景热能尽量采用景观环境内外自然存在的可再生能源，这样可以实现低碳环保的生态效应。但有时也要从投入产出的经济性考虑，并不完全排斥化石能源生产的二次能源，如电能。可以为景观水体提供热能的可再生能源大致有以下几类。

5.3.1 太阳能及利用方式

太阳能是可以直接利用的冬季景观水体热源。太阳的光和热产生的热能在自然条件下可对景观水通过照射方式提供热能。而冬季为什么还会有水面冰冻的现象呢？原因在于夜间和阴霾天气下太阳的照射功能将会缺失，温度迅速下降至0℃以下使水面结冰，而一旦结冰的水体表面（冰面）对太阳辐射具有较强的反射作用，吸收的太阳辐射热能就会大大降低，再加之夜间和阴霾天气的增多，使得气温不断下降，导致在低气温的作用下冰面越结越厚。这就需要在天气良好、太阳光照强的情况下，利用太阳能集热器与景观水体之间进行热量循环从而对景观水体续加热量，才能实现冬季水体的液态化。利用太阳能为水体提供热量的方式有三种：

（1）利用水热容比大的物理特性，将太阳能集热器吸收的热量提前大量存储在水中，使水的温度预先提高，在与冷空气的热量交换过程中处于绝对优势，就可以避免水面结冰。

（2）通过太阳能集热器把热能蓄积在备用的热能存储器中，根据具体的情况向景观水释放热量，保持水的液体状态。

（3）在夏天提前进行蓄能，这些热量在冬季被有效地释放出来，从而缓解冬季水温下降的状况。因此，跨昼夜和跨季节蓄存能量与景观水景热能的需求量之间的平衡计算是如何利用太阳能热源的关键。

5.3.2　风能及利用方式

我国北方冬季多风，而且风力较强。风能既可以直接提供热能，也可以利用风力发电装置蓄积大量的电能，电能转换为热能后仍然可以向景观水体提供热量，保持其液态水状态。利用风能最大的好处是可以把风能发电装置设计为景观特有的景观设施，增加景观的情趣，同时可以全年性的为景观蓄积电能，而且不仅可以用于景观水体热量的提供，还可以直接用其产生的电能给景观照明等用电设施提供电量。

5.3.3　生物质能及利用方式

景观中存在大量的生物质能。植物新陈代谢的落叶、定期修剪下来的草叶，景观中的动物粪便都是生物质能的重要来源。将这些原料集中起来进行生物发酵便会产生大量的沼气，沼气燃烧就可以释放热量，这种热量传输给景观水就可以提高水温，实现不结冰的景观效果。另外，沼气也可以直接成为景观管理人员烧水做饭的热量来源。生物质能在冬季使用的缺陷是由于温度低，其发酵效能会大大降低，出沼量会下降，因而需要其他热能对其发酵池进行增温。垃圾焚烧也属于生物质能生成热能为景观水体提供热量的一种途径，但这种垃圾焚烧会形成空气污染，不宜在微景观环境中使用。

5.3.4　生产生活废弃能及利用方式

城市人工景观不同于自然景观之处在于它不是孤立存在的，一般周边都存在密集的工业生产或居民生活区，由生产、生活而产生的热量非常巨大，成为导致城区温度高于郊区温度的直接原因。生产生活产生的废弃能成为景观热能的重要来源，这不仅不需要专门生产热能，而且还会因为热量被转化利用，对城市生态环境的改善产生良好的促进作用。按照能量守恒定律，能量是不会消失的，只是在不同的介质之间转换，如果这种能量未被正确地利用，那么就会产生负效应。冬季生产、生活中产生的热能是不可能完全整齐地被利用的，过剩的能量就会被释放到环境中，对环境产生不良影响。恰当地利用这些废弃能不仅可以对环境产生益处，而且可以促成冬季景观微生态环境的塑造，应当是一个重要且便利的方法，而这种废弃能源的利用方式需要因地制宜制定技术方案。

5.3.5　地热能及利用方式

地热能分为浅层地热和深层地热。深层地热源自地球的生成过程和地球自转形成的热能蓄积，这种地热资源非常巨大，经常随地壳变动以火山喷发等形式释放热能，因并不清晰使用后会对地球自身带来何种影响，而且开采技术并不成熟，并没有被广泛应用，虽然在冰岛、丹麦等国家对其有所利用，但是因其接近地表利用方便才得以实施。浅层地热能其实是太阳能的一种转换形式，太阳照射土壤，土壤吸收并储存了太阳的热能而形成这种浅层地热能，由于太阳辐射能对于地球而言是可持续的，所以这种热能已被广泛利用。浅层地热可以为冬季景观水体的液态化直接提供热能。

以上阐述的各种可再生能源，有的可以通过一定的技术装置直接向景观水体提供热量，有的则需要二次开发再转化为热能输送给景观水体。具体如何应用，需要根据具体景观具体分析而定。

5.4　实现冬季景观水体液态化的技术原理

5.4.1　热能需求

1.景观中热量的收集

冬季，空气的热量散耗大，因而需要的热能也相对较大。从景观环境内外收集热量成为实现冬季景观水体液态化技术的第一个环节。热能的来源如前文所述，可以用太阳能、风能、水能、生物质能、生产生活废弃能、电能等作为供热源（图5.4）。根据不同的热源设计不同的热量收集器是针对设计的关键一步。太阳能可以运用太阳能集热器作为集热工具，地热能可以使用地源热泵为热量收集器，风能可以使用风能涡流制热设备作为集热器，生产生活废弃能则需要设计一些特殊的导热管线等装置来收集热量。总之，方式和途径各不相同，但目的是一致的，就是要为景观水体的加温收集到足够的热量。

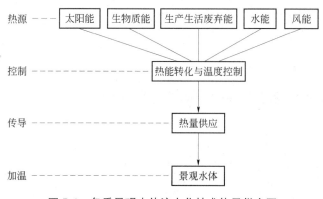

图5.4　冬季景观水体液态化技术热量供应图

2. 景观中热量的储存

冬季微生态景观需要的热量属于低温水平，没有必要给水体提供过多的热量导致过高的水温。所以，收集到的热能不会全部释放到景观水体中。而且例如太阳能集热器还会面临每天的收集量不同的现象。因此，就需要对收集的热量进行集中的总量储存，按照设计目标所需向景观水体提供热量。设计热能存储器，最好是能够与景观建筑或景观设施相结合，不影响景观面貌。

3. 景观水体的热能传导

热能的传导需要导热中间体和导管来实现。为了不破坏水体的化学性质，保证景观水体中动植物的安全，给景观水体传导热能的中间体不能使用任何化学制剂，而只能使用与景观水体同样的水。

这样的水既经济又实惠，而且水的热容量较大，是良好的导热载体。导管主要用来传输集热器和储热器中的加过温的水，让温水按照人为设定的路线进行传输。

4. 对景观水体的加温

蓄积在储热器中的热量通过加温后的水传导到水体中，热量从高温区域向低温区域传递，起到给水体加热的作用。水体较空气拥有更大的蓄热能力，由于水体自身蓄热区域的不同而存在热量的不同，因而需要做好水体自身的热量循环，使水在流动中把热量相对均匀地分布。集热器、储热器、水体之间的循环也很重要，这关系着整个景观水体能否正常运行。通过集热器把热能进行收集、转化和控制，传导给载热中间体，通过一定的热能存储转换装置，将热量传递到水体，特别是水体表面，即可完成对水体的加温效果。为了保证冬季景观水体实现液态化，加热装置与水体之间一般采用强迫循环热水系统，以保证水体的温度能够达到液态化的温度（图 5.5）[80]。

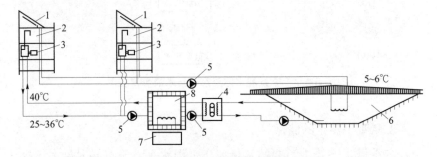

图 5.5　水池储热流程图

1—太阳能集热器；2—热水供应系统；3—采暖系统；4—压缩式热泵；5—水泵；6—水池式储热器；7—备用高峰负荷加热器；8—中间加热器

5.4.2　热能传导装置

不论采用何种能源给景观水体加温，都需要通过一定的技术装置来实现。这些技术装置一般包括集热器、储热水箱、循环水泵、热传导管线、支架、动力设备、电源设备、控制系统及相关附件等。水体热能传导装置选用的具体材料和设备应因地制宜，根据不同的热能来源、地形、地势、土壤状况单独设计，以实现最佳的经济价值和景观效果。

5.4.3 温度控制与调节

温度控制是景观水体液态化技术的一个关键点。景观水体液态化的目的不是将水体变成温泉，目标是使水体不结冰，能够呈现"冬令春景"的景观效果，局部改善微环境的微气候，改善冬季景观水体因结冰而造成的水池等景观设施的损坏的问题，因而没有必要使水体温度过高；而水温过低会造成水体依然结冰，实现不了"微生态景观"设计的目标要求。因此，温水供给量和保持景观水体温度在0℃以上是温度控制的关键。这需要设计自动化的技术控制装置来解决。从而完成景观水体在冬季的生态和审美双重效果。

5.4.4 加温后水体系统的维护管理

冬季景观水体在热能供应的状况下实现了液态化，仍然需要对景观水体及加温系统构建起的新的运行系统进行管理。这个系统要比常态下的冬季水体系统复杂许多，集热器、蓄热水箱、传导管线、控制系统、电力设备、供电系统等是否正常运行，在运行过程中存在哪些问题有待优化等，都是需要管理的项目和内容。另外，由于冬季空气温度低，变化幅度大，根据气温情况调节系统的运行状态也是管理的重要内容。

5.5 实现冬季微生态景观水体液态化的实验

经以上技术原理研究发现，水的形态是完全可以塑造的，塑造水体形态的关键是温度和热量。本书利用发明专利"冬季室外水景景观用保温装置"（专利号：ZL201320335729.5），在山东济南选择实验场地连续两年进行了技术实验，对景观水体能否实现冬季液态化做了具体实验。

5.5.1 实验目标

（1）在冬季实验加热至1℃时水池中的水循环流动，实验水池是

否可以不结冰。

（2）记录对 $1m^3$ 水体加温和循环水泵所需要的能耗，总结其中的规律。

（3）对照气温变化观测水温在人为加热干预下的状况。

5.5.2　实验内容

冬季微生态景观水体液态化实验于 2012—2013 年冬季在济南市区进行，实验的主要内容是利用笔者的发明专利——冬季水池不结冰景观技术装置，用加热至 1℃循环水向 $1m^3$ 的景观水池输送热量，观察水池能否实现不结冰。

实验测定水温加热的最低能耗，即将水加热至 1℃，使之循环试验实现水池不结冰，并测定出达到这个效果所需要的最低能耗值。实验使用的是电能作为加热能源，通过对其所耗单位能量进行数据记录、统计和计算，就可以为景观水需要何种规模的可再生能源转换的热能进行有效的等量代换计算。

5.5.3　实验过程

实验于 2012—2013 年冬季，在济南市选定的实验场地进行。实验场地为山东爱普电气有限公司的厂区景观带。实验过程按照平整场地，开挖实验水池，购置安装实验设备、观察、测量、记录和统计实验数据，分析实验结果等步骤进行。

1. 实验水池

2012—2013 年冬季景观水的实验是在平整的土地上挖了一个 $1m^3$ 土坑作为实验水池。水池四壁以双层塑料地膜做隔离层，这样既可以防止水的渗漏，也可以防止热量的散失。池中蓄长 100cm，深 50cm 的自来水。据水面 15cm 处分别设进水管和出水管，水管与专利装置连接(图 5.6)。水中放养 10 条身长在 5cm 左右的红色小鲫鱼，观察其生存状态。水池周边环境南北通透，东面有建筑物，西面有低矮围墙。2013—2014 年冬季，水池改为深埋在地下的直径为 1m、高度为 1.2m 的汽油桶，桶内蓄满自来水。桶壁上焊接进水管和出水

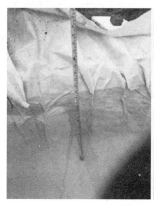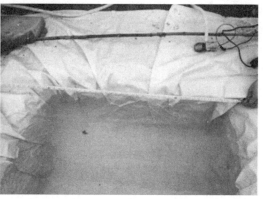

图 5.6　实验水池的现场图片

管与专利装置连接。水池东、南、西三面平坦,北面有杂物堆砌。

2. 电能消耗测量

所有消耗能源的电力设备都分别与电度计量表连接,包括以加热为目的的热能消耗设备——加热器,以动力传输为目的的水泵,分别以记录加热、输送所需要的用电量,便于实验后的数据统计和规律推理。

3. 实验观察、测量与记录

专利装置上设有自动温控器,温控器设定温度为 1℃;水池中使用热电偶测温器,通过电子温度显示器测量实时水温。每天分早、中、晚三个时间点观察水的直觉状态,记录当日气温、水池水温和实验装置消耗的热量数据,并用玻璃杆式温度计测量气温和水温,以验证电子温度计的准确度(表 5.3)。

表 5.3　水池实验部分数据记录表

序号	日 期	时 刻	加热电量/ (kW·h)	水泵电量/ (kW·h)	当日气温/ ℃	水箱水温/ ℃	水池水温/ ℃
1	2月18日	16:03	4.7	3.1	8	5.0	8.2
2	2月18日	20:15	4.7	3.14	1	4	6.6
3	2月18日	21:55	4.7	3.15	−0.5	3	6.2
4	2月19日	7:00	4.9	3.3	−4	3	5.5
5	2月19日	9:56	5.0	3.3	2	3	5.3
6	2月19日	14:00	5.0	3.3	12	7	9.3
7	2月19日	15:58	5.0	3.3	6.5	6	8.8

序号	日期	时刻	加热电量/（kW·h）	水泵电量/（kW·h）	当日气温/℃	水箱水温/℃	水池水温/℃
8	2月19日	19：53	5.0	3.4	0	4	6.5
9	2月19日	22：05	5.0	3.45	−2	3	6.4
10	2月20日	7：20	5.0	3.5	−1	3	5.7
11	2月20日	10：06	5.0	3.55	6	3	6.1
12	2月20日	11：54	5.0	3.6	9	5	8.9

5.5.4 实验结果及分析

1. 观察结果

实验水池的水在实验期间均未出现结冰现象。水中实验前投放的 10 条鲫鱼实验结束时存活 8 条（图 5.7），2 条小鱼的死亡可能与没有进行喂食有关，与水温及水质无关。

图 5.7　实验水池水面不结冰的现场图片

2. 数据结果及分析

2012—2013 年冬季实验时，1 月中下旬，连续十几天的气温低于 −10℃，并没有使实验水池结冰。实验数据结果显示，在接近水面 15cm 处持续不断地输入 1℃ 的液态水，对避免水面结冰有着明显的效果。但 2014 年 1 月明显高于 2013 年同月的气温，实验水池未进行加温但也未出现结冰现象。因而未获得对于实验有利的技术数据，有待今后进一步实验探索。

3. 实验总经济成本核算

实验设备总投入见表 5.4。

表 5.4　实验设备总投入表

名　称	数量	单价/元	金额/元
PVC管	2m	2.6	5.2
加热棒	1只	50	50
温控器	1只	69	69
电子测温器	2只	14	28
水泵	2只	95	190
电表	2只	20	40
电缆	5m	3	15
合计			397.2

合计设备物料投入 397.2 元。按照五年期折旧，年设备成本约计 80 元。而如果采用绿色能源，则加热装置的费用可以去掉，费用会更低。

5.6　济南齐鲁软件园冬季景观水不结冰案例分析

齐鲁软件园位于济南高新区内，是济南市最为重要的高新技术孵化基地。整个建筑呈圆环形，圆环的中央区域建设了由景观水池、景观坡地、景观植物和景观设施组成的景观系统（图 5.8）。

图 5.8　济南齐鲁软件园的景观规划图

景观中最大的景观水池设计了过水桥和过水水泥块体，作为南北向通过该水域的过渡廊；水池的中央位置建设了湖心岛，饲养了鹅、鸭、广场鸽等动物，水池中养有鲤鱼、鲫鱼等当地鱼种。这个景观广场是周围环形办公楼的主要景观，从办公楼内，可以眺望广场景色，每天中午和晚上下班时间，工作在四周办公楼内的人们都会离开办公室通过广场景观到位于南部的食堂、饭店就餐，或到广场中休憩娱乐。该广场景观对于缓解该区域的空间压力，放松工作人员的心情，释放工作压力，营造小区域微气候都发挥了重要作用。但是每年到了冬季，该景观也不能逃脱北方城市景观的宿命：除松柏等少数树木外，其他树木树叶全都掉光，只剩下光秃秃的枝条；草坪全部枯黄；几个景观水池全部结冰。不仅如此，景观水池因为水池结冰遭受了严重的破坏，水池的池壁由于冰面的膨胀而被挤压破烂，近 $4m^2$ 的过水水泥块被挤压开裂。每年冬天，水池结冰问题都让园区管理者大伤脑筋。

由于水池的蓄水量很大，管理者不可能把景观水池中的水全部放掉，一方面是这些水无处可泄；另一方面，如果放掉后来年再次蓄水，这一出一进会造成巨大的水资源浪费。因而他们采取了人工凿冰的方式：把池边的冰用镐头砸开，以减小冰面对池壁驳岸的挤压。结果是这样的工作非常浪费人力、物力和财力，原因是砸冰的工作只能在白天进行，而夜间才是温度最低结冰速度最快的时候，往往是白天砸开的冰到夜间又被冻上，第二天白天继续砸，晚上继续冻，如此进入了一个恶性循环。尽管如此，冰面还是对景观水池造成了严重破坏。园区管理者还是利用夏季水位较低时对水池池壁进行了修复。然而，到了冬季，园区管理者和养护工人的噩梦又开始了，他们又开始了如同往年的凿冰工作。每年冬季的这项无为劳动都要耗费十几万元的经费。济南齐鲁软件园的水体实景如图 5.9 所示，冬季水体实景如图 5.10 所示。

2013 年秋季，于洪涛向园区管理者提出了冬季景观液态化的技术建议，利用"冬令春景"的景观设计构想来解决该园区景观冬季存在的问题，特别是水景破坏的问题。园区管理者采纳了相关建议，

图5.9　济南齐鲁软件园的水体实景

图5.10　济南齐鲁软件园冬季水体实景

出于对新生事物的正常怀疑以及办公经费有限等原因，园区管理者在广场景观中的两个水池进行了实验性改造。

其中一个水池采用的是"水体自身温差热能技术"，另一个则采用了"外环境热量输入"方式。

采用"水体自身温差热能技术"的水池是在水池的中央位置设计了三个喷泉，喷泉的底部加设了抽水马达，将水池底部的水抽送到水面以上80cm水盆中形成喷泉效果，这样不仅增加了水景的动感而增加了景观的活力和视觉美感，而且夏季可以加大景观水与热空气的循环接触，改善气候的微循环，降低温度，增加湿度，起到降尘减尘的作用；冬季，还可以通过水泵把水池底部的4℃水抽上来融化喷泉及周边的结冰面。此方案实施后在2013—2014年冬季得到了很好的效果，喷泉周围水域因为有热量较高的水的热量输入而整个冬季没有结冰。另外，水满溢到喷泉周围的冰面，这个结冰厚度明显低于没有实施该方案的水池（图5.11、图5.12）。

图 5.11　实验后的济南齐鲁软件园　　图 5.12　实验后的济南齐鲁软件园
　　　　　冬季水体实景 1　　　　　　　　　　 冬季水体实景 2

　　另一个水池利用废弃热能，对景观水池进行了热量的输入。该景观水池的热量源自水池底部土壤中的冬季集中采暖管道。2013年秋季齐鲁软件园园区进行冬季热电送暖管道改造，园区管理者采纳了于洪涛的建议，将暖气管道的输送路径设在景观水池底下10cm处。因管线输送方向及水池改造成本的限制，送暖管线仅通过了此水池底部。2014年整个冬季，该景观水池不但未出现结冰，而且当有风的时候，湖面微波荡漾，大有"吹皱一池春水"的心理感受。

　　该案例虽然不是全新的"冬令春景"景观设计技术的全面展现，但仅从冬季景观水景的技术处理上完全实现了"春景"效果，为冬季微生态景观设计系统的建立提供了实践依据。

第 **6** 章

冬季微生态景观设计应用体系的构建

【本章导读】

　　本章论述了由冬季微生态景观到微生态景观设计理念的提升与转化，以生态理念为支撑的理论基础，以"低技术理念"为核心的技术原则，以系统分析为方法的运行规则，进一步提出了冬季微生态景观设计系统的理念体系，并通过微生态景观设计的广义设计学与跨学科特征、生态学的系统整体性特征、能量流与空间再分配特征、审美与文化传承的人文特征等方面的论述，对冬季微生态景观的基本含义进行了阐释。其次，作为具有应用意义和价值的系统设计体系建构，从整体性、微尺度、适宜性、可持续性、人性化和协作性层面提出了微生态景观设计的原则，并依据系统方法，对冬季微生态景观设计的目标定位、要素分析及组织管理内容、设计理念和设计策略以及设计方法与步骤等进行了细致的论证，从而在理论和应用的不同层面，建构起冬季微生态景观设计的基本框架。

　　本章基于冬季微生态景观的理论分析和实践基础，创新性地提出以局部、区域小尺度的景观生态环境的改良与变化形成的冬季微生态景观设计理念与设计体系。对于形成以生态理论为指导，实现景观系统的能量自循环、全生命周期观照下的微生态景观设计综合效益奠定了基础。鉴于学位论文独立研究的要求，在借鉴系统工程方法论来阐述设计方法与设计步骤章节时，没有对系统分析的数学模型进行推理验算，而是更加注重从理论建构的角度，强调基于不同维度中各个相关内容的运作特性分析和设想。这一缺憾，在实际的微生态景观设计项目中，可以借助团队的专业人员加以补充完成。

6.1　冬季微生态景观设计的概念阐释

　　冬季微生态景观设计利用存在于景观内部及外部环境中的能量，运用适宜的、经济的技术手段，以景观元素中的植物和水为靶向，创新性地实现了城市冬季景观的"春景"效果。该设计模式通过对景观生态系统中能量在时间与空间上的再分配，在自然生态的基础上为能量的循环设计了新路径，这种路径没有对自然进行"人本中心主宰"的掠夺式开发，而是因势利导的将势能进行转化，构建了冬季局部景观的新气象和新面貌，改善了大自然生态系统中的局部微气候和微环境，因而实现了空气湿度加大、温度升高、含氧量增高，土壤土质改良，植物重生，空气悬浮物沉降率增大，风力减小，视觉美感增强，舒适度提升的景观"微生态"变化。生态的改良促进了环境的改良。由于景观显性状态的变化，从而形成了景观系统中隐性的各景观要素之间新的联动关系。在北方冬季城市景观的局部、区域范围内，形成了大自然生态环境下城市景观的"微生态景观"。它通过对北方城市冬季微景观进行的创新性转变，成为传统景观设计冬季景观部分的有效补充，完成了景观系统全生命周期循环的价值再造，使人与环境之间、景观的各要素之间，以及整体的微生态景观系统与外部的宏观环境之间，构建起共生互动、和谐有致的圆融状态。

　　在此基础上，还可以进一步推进以生态理念为指导，以改善局部景观视觉面貌和景观微生态环境为目标、实现景观系统能量自循环、全生命周期关照语境下的系统化景观设计体系，即"微生态景观设计系统"。它以全生命周期、生态美学、广义设计学为理论基础，结合气候学、生态环境学、绿色能源等学科的研究成果，以低技术理念为技术原则，运用适宜性技术，建构起一种崭新的景观设计体系。

6.2　冬季微生态景观设计的基本特征

6.2.1　广义设计学的跨学科特征

　　冬季微生态景观设计具有广义设计学的跨学科特征。广义设计学认为，设计领域并不仅仅是工程设计、艺术设计、建筑设计、机械设计等被加以定语的具体技术性活动，从广度上说，设计领域几乎涉及人类一切有目的的创造性活动。因此，"广义设计"是超越了为某一具体目的而进行的技术活动，是对广泛意义上的人类创造性活动的总称。

冬季微生态景观设计具有广义设计学的以下特征：第一，目标一致。与以往单纯地从某一个学科出发的景观设计目标所不同，微生态景观设计的目标是建立人与自然、人与社会、人与人之间合理的全新的结合点，从而使之达到高度的和谐统一，而不是局部的、顾此失彼的权宜谋划与实施。第二，学术基础相符。两者都是以整合人类已有自然科学与社会科学成果为基础，始终牢牢把握将创新作为其本质来开展活动。它对已有的成果采取包容性的态度，寻找其中科学、合理的成分加以整理吸收，实现质变性的创造。第三，创新性质相同。广义设计学是一套观念性创新体系，具有明确的价值观和方法论，具备对微生态景观设计的指导作用，并随着地球物理环境与人类心智的变化而做出动态的有机调整。另外，冬季微生态景观设计整合了生态哲学、生态美学、气候学、环境学、能源学、设计学的观念和方法，在多学科交叉的基础上形成的具有实践操作意义的新的理论系统，与广义设计学具有相同的跨学科特征。

6.2.2 生态学的系统整体性特征

冬季微生态景观设计以整合景观设计的各种要素构成基于微生态环境下的系统，其各要素的结构、层次与功能导向清晰完整，以实现生态学、社会学、经济学、美学和设计学为综合目标。因此，具有生态学基础上的系统整体性特征。

生态理论将自然与人、生命与生命、生命与环境视为平等关系。作为拥有独立思维的人与其他生命、环境与自然应保持尊重的态度：既不能在自身能力弱小时因对自然的过分依赖而盲目地迷信崇拜——奉若神明般的屈膝下跪，丧失了自身在自然面前的能动性，也不能因自身能力的提升，在所谓科学张力的喧嚣下对自然进行任意的宰割与奴役，而是应该与自然、各种生命建立起和谐互利、圆融共生的生态理念。生态学理论中的生态哲学、生态美学、气候学、环境学、生态能源学、土壤学各自从自己的学术角度出发，论述了生态理念在各学科领域的意义、价值和方法，为冬季微生态景观设计的构建提供了理论基础和依据。

另外，冬季微生态景观设计的系统整体性还体现在研究方法的系统论特点上。相对于宏观环境的区域或局部的子系统，与大的系统之间的关系，子系统中各景观要素的层级结构和功能导向以及动态的变化规律[93]，都是微生态景观设计应予以把握、控制和管理的重要内容。从设计应用的角度，理清结构层级关系，确定不同的宏观背景下，作为子系统的微生态景观设计项目的个性与特征，既是其实现的目标也是一种运用系统方法，实现系统整体性的有效途径。

6.2.3　能量流与空间再分配特征

冬季微生态景观设计的技术创新来自对局部、区域空间内能量流的转化与空间的再分配。景观生态学告诉我们，空间中物质、能量、物种以及其他信息在空间中的相互关系与变化特征，构成了景观生态学的研究重点[4]，同时也为冬季微生态景观设计界定、评价与配置微环境中的能量、植被、水系、人工设施以及相关的人文因素提供了依据。

能量守恒定律告诉我们，能量永不消失，只是在通过不同的途径不断地转换存在形式而已。在自然界的能量转换过程中，存在着自然的运行机理，而且形式多种多样。从水能转换为机械能，从机械能转换为热能，从热能转换为生物能，再从生物能转换为空气能，最终从空气能再次转换、回归水能。其转换的途径昭示了循环的内在规律，闭合的、循环的、往返不断的运行机制让能量不生不灭，自身具足。在自然界中，如此变幻多端的能量转换系统不胜枚举，复杂多样。虽然在循环的过程中，能量会因多种途径的参与而消散，也会因为途径的集聚而增强，但始终不生不灭。不生不灭的能量运动在传递过程中产生能量流。这种能量流穿越自然景观和人工景观，通过各种途径实现能量的存在形式，最终又回到景观人为的环境中（图6.1）。

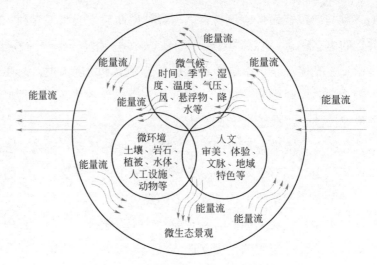

图 6.1 微生态景观中的能量转换图示

冬季微生态景观设计把在景观中流动的能量进行了顺势利用和转化，人为地设计、改变了其流动的路径，使其对某些景观元素产生作用力，从而对整个微景观的微生态产生作用力。这种人为的对能量流转换途径的改变，虽未使能量总和有所增减，但却凭借着能量流的有机转化，以及在局部、区域环境中的空间再分配，给"微生态景观"带来了"微气候"和"微环境"的巨大变化。正所谓"万物负阴而抱阳，冲气以为和"。

6.2.4 审美与文化传承的人文特征

著名地理学家唐纳德·W. 迈尼希（Donald W.Meinig）曾指出："环境维持着我们人类；景观则展示出我们的文化。"[94] 作为人类营造与活动的场所，景观必然带有明显的人文特征。在景观的设计营造过程中，人的审美需求和文化理念贯穿其中，带有设计者对当地文化传承、生活习惯、自然条件等多种因素的综合考量，并将其中所蕴含的内容运用设计的表现方式予以彰显，从而形成了景观独特的文化和审美个性。同时，我们也能够知道，景观作为一个外在的与人们生活密切相关的物质存在实体，也对居于景观环境中的人具有潜移默化的影响，这种影响，使得景观人文特征成为双向互动的综合体。

冬季微生态景观以局部的或区域的小尺度方式，承载着人类文化活动的痕迹和烙印。因此，与环境相适宜的乡土景观以及带有人类文化或文明痕迹属性的文化性景观元素，结合本生、天然的微环境中可利用能源和本土材料的广泛应用，能够塑造出微生态景观所倡导的具有文化传承意义的人文特征。

6.3 冬季微生态景观设计的基本原则

6.3.1 整体性原则

由组成系统的各要素按照有序的结构构成整体并发挥功能作用，是系统论整体性原则的核心。在这个系统中，各要素自身的属性和价值，因整体系统的存在而存在，因居于系统中的相互依存、相互作用、相互联系的方式而成为有机的整体，成为系统功能发挥的载体[95]。

系统论为设计方法的变革提供了理论基础。从线性思维到整体思维的变化，使得景观设计从以往的规划、建筑、园林、设计各自为政，界限分明的各自发展，转变为融会贯通的协同融合发展，这是生态主义思想对景观设计发展的直接影响。来自生态建设需求的多层面综合标准，使得任何一个单一学科的直线型解决问题的思路和方式都无法完成；同时随着社会经济文化的发展，人们在对于景观环境的需求提高的同时，更为重要的是综合与整体。景观设计不仅满足人们的审美需求、功能需求和生态需求，还要满足生态环境良性发展的社会需求[96]。值此形成的微生态景观设计的系统整体性特征也就更加显著。

理想的微生态景观设计是对一系列景观要素的一致性、协调性和关联性进行综合设计与整体创造，其结构清晰，功能明确稳定，共居于一个完整的系统，并使得这一局部的、区域的景观与周边的城市环境构成有机整体，在大的宏观环境中发挥功能。因此，随着景观设计所面对的问题越发复杂，跨学科的综合研究成为必然趋势，虽然微生态景观设计区域相对微小，但作为一个完整的系统，其内在的景观设计范围、内容和程序并没有随之减少，而是更加体现出个性彰显、功能明确的系统整体性要求。就微生态景观设计系统来说，其相对形成的闭环状态，与周边的环境形成了既相对独立、又相互影响的变化关系，作为子系统的微生态景观，自身能量、物质和信息的流动与交换相对独立，同时由于景观本身的外环境特征，与周边环境的关系体现出既闭合又开放的双重性，而基于生态学的整体性特征，便恰恰是在这种彼此关联的循环延续性与局部空间的个性和特殊性的基础上，寻求恰当合理的解决办法。

因此，从某种角度来说，整体性原则是对微生态景观设计从设计理念到设计方法的总体要求。

6.3.2　微尺度原则

尺度，其原意是指一种尺寸、度量的界定或标准，引申为事物间比较的关系。这里讨论的微尺度正是以比较中的关系来界定其"微"的标准。相对于宏观，存在着微观的领域或视角，相对于整体的城市环境，一个广场的景观可以被看作"微尺度"，相对于一个广场的整体景观，居于广场中的一个局部区域也可以被看作是"微尺度"。之所以强调"微尺度"的概念，是出于对局部或区域景观环境的个性与特性塑造的要求，出于精微体察小尺度景观中各种要素更加精密的内在结构以及能量流动的细微变化，使得微尺度成为中尺度或大尺度中更加富有特色的一部分。从另一个角度来说，微尺度展现了景观与人之间最为密切的一部分所形成的关系。这是与人的生活、生产关系最为紧密的一部分，其参与度高，接触面广而且能够获得的来自人工的影响因素也比较高。

因此，微尺度原则实际上是提供了一种重新审视景观设计的视角，即精微、细致和精密的尺度概念与关系分析。同时也要求，对于景观设计微观形态处理的分层级、分类型的设计方法的变化，而不是大而化之地一概论之。

6.3.3 适宜性原则

适宜性原则要求在对景观所处的气候条件、地理状况、环境因素以及周边建筑设施等相关因素进行深入细致的调查、研究和论证后，充分利用自然形成的能源和植被、水体等天然资源。由于能量转换及再利用在冬季微生态景观设计中具有重要的作用，因此，前期调研必须考察和充分了解区域环境中各种能量的详细分布与流动情况，并选择适宜的技术手段，尤其是当地已有的蕴含于传统文化与民众生活之中的技术智慧和技术手段。

适宜性原则要求设计者用专业的、发现的视角进行广泛调研，对所要设计的景观环境进行深入了解，发现、发掘当地的自然资源和历史文化特色，尊重原有的特性，尊重已经形成的自然环境与人文过程所共同造就的地域特质和风格，注重当地潜在的自然、社会、人文三个层面共同交融而形成的发展规律以及具有典型性和代表性的形态、符号、技艺、色彩等元素，将它们有机地纳入微生态景观设计的过程中，彰显并构成其重要的特征[97]。同时，适宜性原则还体现在微生态景观与周边环境的连续性和一致性的融汇过程中。差异体现特色，却是居于整体的系统中的差异，如果突兀地将一个区域的景观置于周边环境之外，或者过于矫饰、强化，既违背了整体性原则，也破坏了适宜性原则。

因此，适宜性原则的核心在于尊重当地的生态、社会、文化属性，因地制宜、因势利导地展现景观设计的智慧和能动性。

6.3.4 可持续性原则

全球的可持续发展已经逐步深入人心，在基于节约资源、维护物质性生态环境要求的基础上，已经逐步深入到对人类共同文化遗产的可持续发展保护方面，并主张社会、文化与环境的协调和谐的可持续性[98]。因此，作为当今人类发展的共同原则，微生态景观设计的可持续性原则主要体现在实现能源的可持续再利用、可再生环保材料及当地材料的利用以及对人类非物质文化遗产中低技术的可

持续发展角度。

在冬季微生态景观设计中，可以采取多种方式实现能源的可持续再利用，如使景观建筑为景观蓄积太阳能。把景观建筑作为收集太阳能的集热器，把夏季和白天蓄积的热能储存到建筑物下方的地热井中，冬季利用地缘热泵向草坪装置和水景装置输送热量，这样，通过跨季节蓄能和昼夜温差蓄能方式就可以采集到无成本的绿色能源，为景观植物和景观水体提供热能保证。另外，使景观设施蓄积能量：景观设计师需要对景观设施进行全新的综合开发，景观设施常年暴露在环境中，太阳能是其采集的主要对象，在景观设施原有功能不变的情况下将景观设施进行新的功能改造，使其具备集热（也可集冷）的功能，通过一定的装置向景观水和景观植物提供热量，就解决了绿色能源的来源问题。

当地自然材料的利用以及可再生环保材料的再利用，是冬季微生态景观设计材料选择的基本要求。重复利用或再生利用，能够缓解人类对自然资源的扩张掠夺和浪费，维护当地自然资源的平衡，为后世发展留下可利用的资源[99]。对当地自然材料的利用，能够节省人力资源，适应当地的自然条件，使得景观材料从其本质上与周边环境成为有机的整体，并且自然地融入与宏观环境相一致的自然循环途径中获得和谐发展。

另外，对当地非物质文化遗产中传统技艺、技术因素的综合利用，是尊重当地文化传统，彰显地域特色的重要手段。地域性传统技艺的形成本身带有深厚的历史渊源，其低技术的特点，对于环境的破坏和侵占程度相对于工业化时期的高新技术在生态和谐方面有着更多的优势。因此，挖掘当地的建筑技术、手工技艺以及技艺所承载的解决问题的观念和方法，能够基于当地的自然条件，因地制宜地发挥当地蕴藏在民众中的技术智慧和生存智慧。

6.3.5 人性化原则

冬季微生态景观设计的人性化原则要求在景观设计中，注重满足人在物质功能和精神文化审美方面的综合需求。具体体现在以综合系统的功能设计，满足人们休憩、活动、体验等行为的要求，对气味、声响、空间、尺度等的感官需求，并考虑到针对当地不同层面的人群，如社区特点、老年人的行为活动方式等，展现与人们生活环境密切相关的微生态景观中的功能；同时，还应当突出地域特有的文化内涵，尤其是城市中的景观设计，作为富有特色的城市文化的一部分，包含着城市的历史文脉、生存状态、生活习俗以及精神气质、文化面貌等内容。

随着城市化进程的加快以及社区文化建设的不断深入，城市居民的生活方式日趋多样化、多元化，不同的兴趣爱好、不同的社区文脉等因素，使得人群的细分化和需求的多样化呈现出来，也带来了对活动空间和消费方式的多元化需求[100]。对冬季微生态景观设计所涉及的人群进行详细的调研与分析，能够增强景观设计的针对性、契合性和个性特征，使居于其间的人群具有文化归属感和情感共鸣，以提高生活质量和精神享受的内涵。从另一个角度，人性化原则还是冬季微生态景观艺术表现与传达的重要基础。景观要素在形态、色彩、材料、工艺以及结构、尺度等方面所体现的艺术美，能够为人们带来舒适协调的审美感受，陶冶心情，增强并培育对美的理解和提升。另外，人性化原则还要求了微生态景观设计中公众参与的运营和管理方式，在规划设计时征询周边居民、流动人群的意见和建议，使他们参与其中，了解景观设计的过程，并能够赢得对景观设计成果的自觉维护。

6.3.6 协作性原则

微生态景观设计跨学科融合的特征使设计过程中，需要多学科人才的协作和互动。社会的发展导致了分工的细致和价值观念的转变，多学科协作交流的节点上最容易迸发创新的成果，也是当今景观设计发展的一个重要趋势。由不同学科背景的人员共同组成的设计团队，本身便是一个协作创新的开放性平台。在项目设计及实施过程中，团队中的每个个体既立足于本学科的研究角度，提供各自不同部分的解决方案，同时，在交流互动中，汲取其他学科的理念

与方法，进而使自身的素质和能力获得综合提升。

协作性原则还要求景观设计师能够以积极的态度，与政府或投资方达成共识，将设计意图、设计效果采用图纸方案和语言表达的方式，准确明晰地传达出去，并充分说明设计理念和设计能够带来的综合效益，在经济效益的基础上，社会效益、生态效益和文化效益实现多赢的局面。同时，要求设计师能够了解并体恤周围居民或流动人群的参与心理和要求，为他们提供参与并完成过程的余地和空间，使设计过程和设计效果得到广泛的认同。

6.4 冬季微生态景观设计的目标定位

6.4.1 优化城市生态格局，提升环境质量

作为城市生态格局中的一个重要组成部分，冬季微生态景观以局部或小区域的变化，与整体城市的生态系统形成耦合互动机制，在维护、调整、优化城市生态系统的过程中，承担着重要的任务。同时，以局部或区域的微景观在植被、生物、环境、气候方面的变化，带动整体城市冬季生态景观的优化，提升环境质量。

6.4.2 丰富景观设计的内容与功能，满足综合需求

以冬季微生态景观的全生命周期理论为指导，将生态环境的功能研究，如土壤、水系、气候、植被、动物等在改善景观微气候、微环境以及节省或循环利用能源等方面，有机地结合到微生态景观设计之中，改变以往单纯修饰、装饰的景观设计方式，使景观设计的系统性和整体性功能得到进一步提高，不仅关注景观所提供的休闲、审美功能，还能够多层次地为局部微气候、微环境的调适带来新的思路，从而以微生态的景观改造，为环境的生态保护以及人们的健康带来综合效益，为景观设计的未来发展提供新的途径。

6.4.3 打造景观审美内涵，提升文化品位

冬季微生态景观设计是一种集人工美、自然美和生态美于一

体的系统设计。在这个精心打造的局部景观环境中，人们能够充分感受到自然之美，巧妙融于环境之中的人工之美以及由环境总体散发出来的生态之美。不仅展现于植被、水体、人工设施的造型、色彩以及材料、工艺的细节中，还能够通过独具地域特色的表现元素以及地方特点的技艺符号，表达文化传承的魅力和个性，同时，各景观要素间协调共生的功能结构，使得自然生态循环的规律性潜移默化地得到表现，人们在享受所带来的审美愉悦的同时，得到美的陶冶，领悟生态美学的意蕴。

6.5 冬季微生态景观设计的应用要素分析

6.5.1 区域尺度分析

区域尺度分析是对微生态景观的尺度界定和区域界定。通常情况下，冬季微生态景观更加关注与人们的工作生活密切联系的区域，相对尺度较小，空间也相对呈现闭环状态。如，居民社区内的小区、街道，城市办公建筑围合的小型广场或休闲场地以及公园景观中的某个特色景点周围的区域等，不同区域的使用功能决定了其景观设计的综合目标，因此，应充分了解分析该区域环境特性与功能要求的复杂性，进行系统综合设计。同时，由于区域尺度的局限，微生态景观与大环境之间的关系显得尤为重要，关联与差异，整体与局部，峰回路转，柳暗花明，在界定的同时，有机地处理好冬季微生态景观面向大的环境系统的过渡、延伸、连接和融汇等部分的塑造，使区域的微生态景观自然而然地融入大的环境之中，于整体的统一性和局部的差异性之间取得平衡。

6.5.2 自然要素分析

冬季微生态景观设计的应用要素中，自然要素是其中最为重要的组成部分。在设计之初，需要全面详细地调研分析，确定其中具有决定性影响因素的部分，为进入设计环节提供研究基础。通常意义上，影响到微生态景观设计的自然因素包括土壤、气候、水系、生物等，

在这一基础上，还应当充分考虑这些因素的综合作用，以及它们各自的子系统的内在结构与功能导向，以正确分析各因素的特征与应用方式。

1. 土壤

自然条件是影响土壤特性形成的重要因素，由于气候或海拔高度的原因，土壤的特性差异很大；加之人类农业耕作的历史悠久，很多地区土壤性质已经发生变化，甚至在同一类型中，也会出现差异化的土壤特性。在微生态景观设计中，土壤的特性决定了植被的配置和利用方式，也决定了对周边环境的生态影响。与土壤密切关联的是微生态景观及周边的地形地貌，形态多样、起伏有致的山川沟壑，构成了土壤的外在表现形态，也使得依此而建的微生态景观获得了得天独厚的自然基础和基本构架。同时，值得关注的是，土壤本身便是一个生机勃勃的生命系统，不同的土壤特性其生命系统的内容也不相同，从生态学角度来看，首先应当尊重土壤已经存在的生命网络，其间多种多样的植物、动物和微生物共生而平衡，它们共同成为土壤特性的塑造者。从设计学角度来看，土壤的形态、色彩等表象特征，恰恰是能够带来最为直观的审美感受的载体，也就成为设计师的造景元素。

因此，对于土壤子系统的分析应着手在土壤本身的特性、地形地貌以及人类活动的痕迹和土壤的生命网络几个方面，以全面详细地了解并掌握微生态景观中土壤因素的基础条件。

2. 气候

微生态景观中的气候主要从温度、湿度、光照、风向等角度来进行综合分析。人们对于来自气候影响的空气湿度、温度以及阳光照射的方向、角度，风的大小、方向和强弱都有着直接的感受，这些感受不仅能够带来生理反应，还会直接影响人们的心理和精神状况，因此，自古以来表现自然界气候因素所带来的情绪和情感变化的文学艺术作品层出不穷，也从另一个角度彰显了气候条件对人们的直接影响程度。在微生态景观设计中，气候条件不仅是一个需要认真调研分析的自然要素，同时也是能够通过转化、调节使之更加符合设计目标和功能需求的能动性因素，如，利用太阳能、风能的能量流动与转化等。在前文的微气候研究成果综述中，利用建筑、景观设施等人工构筑物，能够形成对微生态景观的气候调节作用，并在局部的调适中，带给人们更多的舒适和愉悦感。另外，不同季节、时间中的气候条件也呈现出不同的变化，充分利用并有机转化这些因素，也成为微生态景观设计的重要内容。

3. 水系

在自然界中，水系、水体的形态也是多种多样的，湖泊、河流、小溪、湿地等，不同的形态形成了不同动态的自然景观，溪流潺潺，瀑布跌宕，激流汩汩，水雾漫漫，大自然以其鬼斧神工，赋予水系以天然的美轮美奂。同时，水质因受到周边环境的影响，如土壤、气候甚至人为因素等，也呈现出不同的特性，并且与土壤一样，作为一个丰富的有机的生命体，水中共生并存的动植物、微生物更是丰富多样，共同构成了水系、水体的特性。

对于微生态景观设计来说，面对已经形成的自然水系因素，应该秉持尊重的态度，认真地进行调研分析，包括其水质和水中生命体的详细资料，同时，以系统性和延续性为原则，把握水体流经过程与微生态景观区域的关系，使自然的水系生态的原生性得到保护和延续，而不是采用硬质驳岸围堵的方式，破坏水体与周围环境的联系，破坏水系自身的净化能力和生态平衡能力。另外，流经城市的水体还会受到来自人类生产和生活废水、污水的污染，导致水质恶化，因此，通过完善植被，改善土壤条件以增强水体自身的平衡与净化能力与管理控制人为的水污染同等重要。

4. 生物

生物是指微生态景观中的植物和动物资源所构成的系统。不同种类的植物形成了景观表层的植被，它们不仅是景观设计的重要手段，还是微生态景观中各种昆虫、鸟类、鱼虾、浮游生物、微生物等繁衍生存的空间。植被对水体的净化调节，对光照的平衡作用以及对空气的清洁，对温度、湿度的调节作用，使得植被成为微生态景观设计的重要组成部分。因此，在本书的研究中，将草坪的实验作为一个重要的环节，对微生态景观形成技术支撑。植物和动物本身具有自系统的演替发展规律，同时也是评价微生态景观生态环境和谐与否的重要指标。因此，在微生态景观设计中，根据当地原生态的自然生物系统，遵循区域性生态演进规律，合理利用原有的动植物资源，并着力于进一步优化生态环境，获得良好的审美效果的设计目标，采用补充和丰富的手法，在尽可能减少对其原生状态影响的前提下，营造和谐平衡的生物子系统。

6.5.3　人文要素分析

微生态景观设计的人文要素主要包括地域的历史文脉、区域发展趋向、人们的生活方式以及周围环境的人工构筑物与设施等。

1.历史文脉

任何一个带有人工痕迹的自然物，无不承载着人类改造自然的成果。历史文脉以其物化存在的物质痕迹和物质成果以及精神存在的记忆、习俗等非物质形态意识，展现着这一区域的过往。其间，蕴含着丰富的历史信息和文化传统内容，它的演变过程，本身便是传承与延续的过程，犹如一条延绵不断的大河，虽然流经过程中受到周围环境的影响而发生了变化，但其中最为核心的内容却始终坚强地保留下来，从而铸就了这一区域集体性的记忆甚至信念。从微生态景观设计的角度，历史文脉的梳理和分析，能够使我们在认知并理解区域历史文化的基础上，对渗透于物质层面和当地民众精神层面的个性与特点进行准确的把握，从而挖掘体悟到能够运用设计手段加以展现的景观文化理念和文化精神，为景观设计注入具有区域文化特征的灵魂。

另外，历史文脉的梳理和分析有助于更好地理解蕴含当地生存智慧的传统技艺，这些凝聚着当地人面对自然条件和生存环境的变化而逐步生成的技术观念、技术手段或工艺，是在因地制宜、因势利导前提下的创新与发展，是经过长期积淀、修正，不断得到调整、实践的成熟的技术体系，与当今的高新技术相对应，也被称之为"低技术"。它们是当今高新技术出现的母体，因此不应该以距今时间的长短来确定其在当今的使用价值，而是应以"适宜性"为原则，借鉴吸收传统技艺中的有效成分和方式并加以转化和利用。从某种角度来说，这同样是对历史文脉的尊重，是人文传统的可持续发展。

2. 区域发展趋向

区域的发展趋向与其存在的宏观环境密不可分，应立足于整体国家发展战略、城市发展规划以至区域发展方向的综合调研与分析。从内容来说，涉及政治、经济、文化等各个领域，从而形成对区域发展趋向的预测和判断，以指导微生态景观设计的目标拟定和实施策略。

3. 生活方式

存在和流动于区域间的人们的生活方式，是人文要素的重要组成部分，人们的行为特征、表达方式以及蕴含其中的习俗、信仰、精神理念等内容，潜移默化地影响着人们对环境的认知、理解以及与环境之间的互动关系。因此，对于区域内人们生活方式的调研分析，便成为微生态景观设计的重要内容。充分了解当地的生活方式，在这一区域特殊的人文背景下，能够掌握人们的基本需求和价值取向。这些隐含于日常生活的状态，展现在人们习以为常的行为模式中的丰富内容，与其他区域的差异性以及自身系统的共性和稳定性，是塑造这一区域为生态景观文化内涵的重要依据。

4. 人工构筑物与设施

处于微生态景观物质范畴内的人工构筑物包括建筑、雕塑、人工甬道等，人工设施则包括座椅、垃圾桶、电话亭等地面设施以及水暖管道、电缆等地下设施两部分。对于微生态景观设计来说，人工构筑物和设施作为最具人工施加因素的部分，使用功能位居首位，但在其材料、工艺的选择上，应当更加注重生态环保的原则和要求。比如，充分利用当地材料以节约资源等方面。在其位置布局和体量设计上，还应当充分考虑与周边微环境的结构关系，对光线的遮蔽或折射，对风力的阻隔或形成涡流等，进行细致的测算和研究，从而保证微生态景观设计系统中人工构筑物、人工设施与整体环境的协调与和谐。

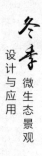
6.5.4 要素的关联与建构

微生态景观设计的各个应用要素间是一个相互连接、相互依存、互为影响的整体系统，同时与所存在的大环境也同时构成共生并存的系统关系。因此，将这一应用要素的分析纳入到系统分析的层面，能够更好地理解微生态景观设计的基本要求。

虽然以微尺度的局部或区域景观设计为主体，但是在设计的过程中，不仅需要关注小范围内各要素的变化状态，还要与整体大环境进行综合考虑，同时，值得注意的是，微生态景观系统的各个要素均以其自身的动态变化特征在系统内承担着顺应变化或引导变化的能动作用，尤其是系统中自然要素部分，其变化的可能性和能动性则更加丰富，往往会因为其中某一要素的改变，为整个微生态景观系统带来变化。因此从整体的和动态的系统角度来理解微生态景观设计，是基于各要素分析基础上的一种重要的路径。

具体来说，可以先从以下两个层面来认识并把握微生态景观各要素之间的关联与建构。

1. 塑造时间维度的延续性

从时间维度的角度，冬季微生态景观设计的各个要素体现出沿着时间轴向动态变化的轨迹。这种改变，受因于宏观的自然条件与人文环境的变化，当某一影响因素的程度加强时，其变化的轨迹呈现倾斜，趋向强势的一方而破坏平衡的局面。因此，首先应当正确认识位于时间维度上的微生态景观设计的规律性，认识到作为一个变量系统既整体顺向流动而又会因为影响出现动态的变化。在这种认知的基础上，人为介入的不当往往容易促使其形成突然的割裂或者是轨迹的失常。比如说，工业革命之后，人类征服自然的意志和能力得到加强，而逐步出现并蔓延至全球的能源危机。时间维度的延续性，是对人类历史的认同和延续，传统是无法割裂的，在景观设计中沿袭应用的人文要素便是以尊重历史的态度实现空间维度的延续性。从另一个角度来看，自然界以其季节、昼夜的变化，带来了时间角度的延续性特征，周而复始中也蕴含着丰富的变化内容，并与处于自然界中的动植物、土壤以及人们的习俗、观念等构成了相互交融的整体，晨钟暮鼓，朝露夕阳，在逐步生成的过程中，完成着时间概念的流动。

过程，成为这一流动状态的最佳写照，似乎永远难以企及结果的过程，呈现多元的开放性和可能性，也为微生态景观设计在时间维度的延续性塑造上，提供了注重过程的展现，注重提供可能的空间，使各个要素与自身与其他要素的自然演化过程中，完成面向未来的延续性塑造。

2. 建构空间维度的关联性

冬季微生态景观设计强调景观各要素之间在空间维度上的关联性，注重空间组织的逻辑和空间关联地带的处理，使各功能性空间、物理性空间或文化性空间在相互交融的同时关联为一个整体。从设计的角度来说，这是一个"关注于内"还是"面向于外"的选择。空间的存在因为有其核心的功能或属性而区别于其他，自内而外，边界的模糊使其更加容易地与其他空间交融混杂，形成丰富的变化形态。较之以往人工空间的塑造，多采用明晰界定边界的方式，使得这一空间的延展性和变化性减弱，这种设计思想的本身就带有明显的人类控制与占有的欲念，从而使空间维度的构建封闭、生硬而紧张，在空间与空间之间形成了难以逾越的无形障碍。

从空间维度关联性塑造角度，冬季微生态景观更加注重多样共生的设计理念。整体体现差异，而局部彰显个性，不同整体系统中的，存在着多样的局部，使多样化、多元化的个性，在不同级层的系统中或者重复、或者混居，从而形成共生圆融的存在形态。也使得游历于其中的人们，在特征明显的各个景观空间中感受其特性，却又从局部相近或相似的小尺度中，体悟共生交融的空间关联和延展意蕴。如，将某种当地的植物通过有序的设计，在大的景观环境中，以数量、密度的变化获得地域个性的不断强调，关联性强而又不失其分布的节奏变化，构成人文生态与审美规律的协调。

6.6 冬季微生态景观设计的管理与实施

6.6.1 组织结构与管理内容

针对冬季微生态景观的规划设计，在组织机构方面，应积极主动地协调各个方面的力量，为实现设计目标而共同协作。从冬季微生态景观设计项目运作角度来看，组织机构一般由政府层面、投资方或客户层面、设计层面以及施工建设层面和公众层面组成，其管理内容也相应纳入到各个层面的组织结构之中。

1. 政府层面

政府层面是建立和执行国家在景观规划、设计、建设以及管理方面相关法律法规的重要决策层面，是微生态景观设计项目立项与实施的重要支持者和管理者。因此，应着力影响政府官员对生态景观建设的重要意义，可持续发展的意义以及对城市景观改进、改善等方面的认识和理解，结合国家现行法律法规以及发展趋势和方向的要求，增强决策部门的政府官员支持项目的力度和信心。同时，基于区域环保和生态和谐的发展目标，政府部门能够积极主动地制定相关优惠或激励政策，已是大势所趋。作为冬季微生态景观设计项目的主导者和执行者，应综合分析并理解政府部门在这一方面的优惠政策和导向，积极回应并获得政策的支持，为整体环境的生态目标做出贡献。

2. 投资方或客户层面

在投资方或客户的层面，经济效益和社会效益的统筹协调是诉求的关键。积极拓展项目资金的投融资渠道，使得达成冬季微生态景观的项目目标，能够成为投资方或客户塑造自身项目优势的立足点，从而带动投资方或客户对于建设该项目形成主动的要求，在冬季微生态景观设计项目中，通过局部或区域改良冬季生态环境、生态气候方面的效益，能够为项目的投资方或客户带来彰显品牌特色的宣传亮点。同时，从经济效益角度来看，应结合景观环境中的能源再利用、低技术营造手段的科学设计，尽可能地降低营造成本，获取较大的经济效益回报。在此基础上，对于生态观念的确立、社会效益的取得以及景观环境建设、后期管理等各个环节中，所能够得到的投入与产出的平衡点测算以及综合效益最大化的项目目标预期，均可以作为与投资方或客户建立良好的沟通交流机制的出发点。

3. 设计和施工方层面

从设计和施工方的角度来看，冬季微生态景观设计的前期工作非常关键。前期调研的内容较之以往的内容容量更大，范围更广，需要交涉、协调的部门更多，采集分析的数据更杂，使得项目设计阶段呈现出多部门合作、多学科交叉的状态。因此，从理想的角度来说，小区、公共环境或者是公共场所的规划之初，便能够介入并起到一定的主导作用，使得冬季微生态景观设计能够有机地、整体地纳入宏观的规划设计之中，而避免二次设计所造成的翻建、重建等经济损失，不失为最合理和节约的方式。但是，也通常会遇到已建成项目的局部调整问题，从设计和施工建设的角度，将已建项目的所有资料和数据进行综合分析便显得尤为重要。同时，应打破已建项目原有的思维定势，注重对已存在的地下设施、热、电管网以及存在于区域传统文化中的低技术手段的研究与分析，尽可能地利用现有的优势条件，或者有机地转化为优势条件，为冬季微生态景观低成本的和谐状态提供实现的可能性。

4. 公众层面

公众参与景观设计的重要性已经被国内外的诸多研究所证明。对于景观设计来说，为人使用、以人为本的核心是景观设计的使用者，即周边的居民或群体。在设计规划之初，广泛征询周边人群的意见和建议，不仅能够得到来自地域文化传承与发展过程中的民众智慧，对区域文化的归属感、共鸣和审美特质有着更加深刻的理解，甚至是直接的象征或表征符号的表达，还有基于地域文化传统的低技术内容，这些都会为即将进行的冬季微生态景观设计内容和表现形式以及技术手段带来直接的借鉴成分；同时，周围人群作为景观设计的直接参与者，在参与表达意见的过程中，能够使他们更好地理解景观设计的内涵，理解各个景观要素的意义和价值，从而以过程参与度的加深，来提高公众自觉参与维护和管理的积极性和主动性，

使冬季微生态景观从设计、施工到后期管理的全过程，同时成为保障公众权益以及推广公众对生态环保意识教育的一个重要组成部分。

6.6.2 设计理念与设计策略

冬季微生态景观设计的研究是一项跨学科、多专业领域的综合课题，由于笔者在时间和经历方面的局限，同时，对于具体的实践项目来说，规划设计的过程本身也是团队协作的过程，因此，本书研究的冬季微生态景观设计应用体系的建构，更加注重从设计理念和设计策略角度，提供观念更新的论证以及应用理论方面的研究基础。

任何一个景观设计项目，都是区域建设或城市建设的一个重要组成部分，从前期规划、建筑设计到景观设计，看似不同阶段各具目标与特点，而其总体目标是基本一致的。不可否认的是，具体到某一景观设计项目实践过程中，这三个部分的关联度和交叉度都呈现出衔接的诸多问题，导致了现实状态下，各自为政、互不关联甚至重复建设的情况，然而，随着来自社会经济和文化发展的不断增长的需求变化，人们对于生活和工作环境的质量要求也不断提高。单纯以满足功能需求为目的的规划设计目标已经远远不能适应不断更新的发展趋势。同时，生态的连续性和环境的可持续发展为学科交叉与融合提供了新的综合指标，在这一综合背景下，景观设计的过程也呈现出整体化倾向，并直接影响了设计理念与设计策略的整体化改变。

1. 自然、人文与环境生态的持续性

生态建设的核心是促进人类的可持续发展。将自然生态、人文生态与环境生态综合考虑，并落实于冬季微生态景观的设计理念与设计策略，是生态建设发展的要求，也是冬季微生态景观设计的目标。冬季微生态景观以区域或局部的小尺度微气候和微环境的改善，为更大尺度的场所、规划区及至市域范围的生态规划建设提供生态链中的环节支持，以从属于生态建设链的总体要求为目标，发挥着自身的能动性。在这个小尺度的链条环节中，同样映射着自然生态、人文生态以及环境生态的诸多影响，作为大系统中的子系统，并没有因为尺度的改变而丧失内容的丰富和复杂性。因此，与日益备受关注的生态系统建设目标相一致，在冬季微生态景观设计中，来自自然土壤、气候与生物；来自人文因素的历史文脉、生活方式以及区域发展趋势等，加之环境中已经存在的各种人工建设成分，林林总总地被纳入冬季微生态景观的设计分析平台之上，并共同为达成生态的持续发展发挥作用。

从设计理念角度，正确认识自然生态、人文生态与环境生态之间的关系是重要的设计前提。通常意义上，对自然生态的关注已经能够得到景观设计师的理解和重视，如维护或修复自然的地形地貌、选择当地适宜性植被、物种以及强调物理学意义上的景观生态过程连续性等方面，越来越多的设计研究与实践对此进行了探索努力。然而，由区域性人文生态支撑的历史文脉、地域性低技术技艺，以及当地特有的生活风俗习惯等内容，作为整体生态建设的一部分，却没有得到足够的重视。本书立足于冬季微生态景观设计的支点，却是试图将包括人与自然、人与人、人与环境的综合生态发展的可持续性作为设计目标，作为设计理念与设计策略的核心内容，借此推动生态设计向更加系统化、整体化发展。

在具体的设计策略方面，从设计规划伊始，对于项目所处的地域环境中的各项因素，都应该进行深入细致的调研分析。纵向角度的过去、现在和未来的不同倾向性以及可能达成的趋势与导向研究，不仅应包括自然生态的各项因素，还应该对具有区域特色的文化发展脉络进行梳理与分析，所谓"一方水土养一方人"，积淀于当地人的思想观念、行为模式、生活习俗中的点点滴滴，都有可能成为确立或解决设计项目问题的突破点，因此，对于冬季微生态景观设计项目来说，其设计策略的重点在于建立自然、人文与环境的生态持续性观念，并将这三者的平衡与协调发展作为策略的核心。

2. 规划、建筑与景观设计的整体性

突破城市规划、建筑设计与景观设计的线性思维方式，以三位一体化的设计理念，实现规划、建筑与景观的设计整体性。作为局部或区域地改变或改善微气候、微环境状态的设计体系，以及冬季

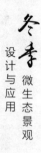

微生态景观对于所存在的环境中的各种因素，具有更为强烈的依赖性，也因此构成了更为密切的关联。城市规划中的功能布局，设施配置以及相应的公共服务设施的建设，建筑设计的形态、功能、结构以及材料运用等诸多方面，与景观设计的关系愈加密切。

三位一体的整体性设计理念，并不是简单地将三者累计相加，或并置一起，而是更加注重三者之间的有机联系，将其看作是一个完整的相互依存、相互影响的系统。在这个系统中，任何一个因素的变化都会对整体系统带来影响。因此，三位一体的整体性设计理念将改变以往的线性思维模式，以结构网络图示来解读并理解各个子系统的意义与价值，并在总体系统框架下，界定并完成各个局部的设计实践。从某种角度来说，这种三位一体的整体性设计理念是面对日益复杂的社会问题，以及日益严峻的生态问题而提出的解决人与自然、人与人、人与环境问题的有效途径。

从设计策略的角度，结合我国现行城市规划、建筑设计与景观设计的基本运行模式，大部分的景观设计项目是在城市规划和建筑设计之后开展的，因此，针对这一现象，一方面，应积极主张并推动景观设计在规划设计之初便参与其中，成为城市规划的重要组成部分，获得三者同步进行、整体设计的理想化状态，从而使规划、建筑与景观达成和谐统一的整体面貌。另一方面，针对规划与建筑设计先行的现状，景观设计应尽可能地获取相关信息，取得与整体环境之间连续性与完整性的效果。同时，在分析研究规划与建筑因素时，还应当注重景观设计能动性的发挥，在调节、改善已经建成的区域环境的能动性方面，微生态景观设计的差异性和个性特征，以及微景观生态环境的塑造，能够成为带动和推进整体环境生态发展的助动力。

3. 设计、建设与管理实施的系统性

生态系统设计、建设与发展的基本特征在于其动态的不断优化与演进的过程中。冬季微生态景观设计体系也以面向未来的开放性和可能性的塑造，恰当地解读了生态系统发展的延续性和连贯性。因此，从设计理念的角度，一方面应把持设计过程中，面向建设和后期管理、维护的开放性导向，为微生态景观中的各个要素动态的变化演进提供成长的预留空间，使其作为一个整体系统，逐步实现系统中的自循环和自足的状态，并在这一过程中依循优化的路径，经过建设和维护达到良性的系统更新。另一方面，也要求设计过程中对建设和后期管理维护进行一体化考虑与安排，景观设计师应积极参与项目的施工、安装与后期管理阶段，将微生态景观的设计目标贯穿始终，以确保项目的质量和完整性。

就具体的设计策略角度，提供阶段性能够达到的设计目标和景观效果，是体现这一设计理念的一个方面。尤其是对于生态修复型的景观设计项目，其修复的过程本身便是由不同的阶段构成，而非一蹴而就的结果导向型设计。在微生态景观中，土壤、植物、水、气候之间所形成的结构关系，因其各个要素自身的特性，组合在一起并发生自然的相互影响，直至形成完善的系统，这需要时间的积累和相互的适应性与共同演化的过程。从某种角度来说，景观设计是提供新的要素配置与要素间关系结构的一个平台，各个要素依据所提供的平台内容与其他要素的变化趋向而产生变化，因此，各自作为自系统的生长、发展路径与整体系统的生长发展路径，既体现出同一性（即景观设计目标的导向），也将展现出自系统变化的特殊性。所以说，阶段性的设计目标和景观效果的出现，是对生态系统演进过程的尊重，也是把握微生态景观设计于各阶段成长状态的一种有效手段。

另外，冬季微生态景观设计是对景观中微环境、微气候功能的全新设计过程，其中的重点是对局部景观环境中能量再分配和资源重组与改善的设计过程。充分发现、挖掘、论证局部景观环境中的各种资源因素，可以拓展设计思路，提供设计形态变化、优化、改善的途径和渠道，从而对形成具有个性化的设计概念奠定基础。

6.6.3 设计方法与设计步骤

由于冬季微生态景观设计系统的复杂性，在设计过程中，需要将复杂的信息分析和要素综合依据科学的系统工程方法理论。20世

纪60年代，美国学者 H. 霍尔（H.Hall）提出了作为系统工程方法论基础的 "三维结构体系"[101]（图6.2），形成了以解决复杂系统和系统内复杂要素之间关系协调共存的方法论研究思路，同时，也成为跨学科交融以解决现实问题的方法理论。在霍尔的三维结构体系中，他以时间维、逻辑维，并增设了专业维构成立体的系统分析与综合的方法结构，在注重各个维度纵向、性质与特点的同时，将它们置于相互关联、相互制约的立体构架内，以体现系统工程方法的综合性和网络立体结构特征。应当说，H. 霍尔不仅提供了一种解决复杂系统和跨学科问题的方法体系，同时，也是解决问题的步骤与运行体系。其中，在每个维度交叉点中，都需要针对系统的整体性进行思考，强调思维点的空间关联性和各专业维度给予的学科知识支撑，使得设计过程的每个环节都成为综合各学科专业知识内容的融汇点，而避免了单一学科专业纵深思考的局限性，以及跨学科交叉过程中方向性与主导性的偏差。

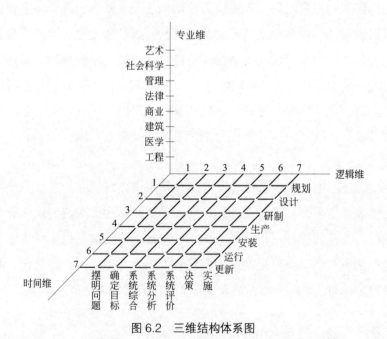

图6.2　三维结构体系图

　　结合霍尔的系统工程三维结构方法体系，在冬季微生态景观设计的具体应用中，对于不同维度的运行方法和步骤分析如下。

1. 时间维

以时间的纵向流程界定设计项目的运行顺序，既是客观存在的规律性要求，也是项目设计运作的必然路径。在具体的冬季微生态景观设计项目中，从策划阶段开始，相应的信息搜集和整理以及达成设计目标的明确性和可行性是其关键，在策划阶段便导入整体的三维结构体系的思维方式显得尤为重要。一方面，策划阶段所应采集的信息是贯穿整个微生态景观设计系统的全面信息，包括自然要素中的土壤、气候、生物以及人文要素中的历史文脉与生活习俗，也包括蕴含其中的经济、技术等多方面因素。这些因素在设计系统中以各自不同的方式在设计时间的剖面上形成了点状的固定形态，以体现出时间流截面上的特性。但是，这些复杂的要素还存在着自身系统的变化与自演进特点，由于系统中某一重要因素的变化，会促使其中某一子系统自动完成顺应变化的演进过程，并因此改变整体系统的面貌特征。比如，国家关于城市景观设计的新的相关政策出台，或者对于城市供热系统、电网系统的更新改造等，全面信息的采集和总结，便被要求更加注重各个子系统信息的预期和前瞻性，以达成整体设计系统的前瞻性要求。另一方面，信息的收集、归纳和分析贯穿于设计系统时间维度的全过程。来自不同阶段的设计目标，为信息的内容、支撑的知识体系和分析、综合的方法都提出了不同的要求，因此，基于三维关系结构中的时间维，已经成为一种多维度同时间思考和解决问题的方法，而摆脱了以往单向度地、就事论事地理解和解决问题的设计思维模式。

时间维度的顺序界定还同时提供了设计系统的全生命周期结构。由策划及至更新的七个阶段，是系统自循环的时间尺度，也是一个系统从孕育、诞生、成长、成熟到衰亡的生命周期的全部路径。从这一角度来看，以时间维思维方式来认识冬季微生态景观设计系统，使得设计的各个阶段和设计系统的更新状态有机地结合在一起，并能够将全生命周期理论的有关规律与运作方式纳入其中，使其具有系统更新、动态发展的可持续意义，同时与生态主义思想追求圆融共生的系统自运行和系统优化更新理念达成契合。

2. 逻辑维

根据 H. 霍尔的三维结构体系理论，主要分为摆明问题、确定目标、系统综合、系统分析、系统评价以及决策与实施七个步骤。相对于时间维的七个阶段的设定，逻辑维更加注重阶段的性质和方法。这七个步骤不仅适用于时间维的各个阶段，即每个阶段都可以这七个步骤作为发现问题与解决问题的方法，同时，这七个步骤也可以根据实际情况加以分化或进行顺序上的调整。具体来说，摆明问题是在详细地收集相关信息和资料的基础上，提炼实质与要害内容的过程，对于微生态景观设计，摆明问题是将设计目标阶段化和细分化的过程，各个子系统或者各个要素的性质界定以及与整体系统的关系都可能成为问题的核心，尤其是面对来自自然因素、人文因素及环境因素的各个部分的复杂多样状态，提炼并确定问题的主次及先后次序，便成为摆明问题环节的重要内容。

问题的提出决定了设计目标的确定，值得注意的是，微生态景观设计的目标应该是一个由不同阶段目标形成的目标体系，以顺应生态系统发展的动态要求。在确定目标的步骤中，还包含着由问题引发的目标评价体系的拟定，涉及项目设计的方向选择、范围、投资、周期以及人员组织和安排等。从具体实践的角度，主要集中在美学、心理学、经济学、生态学意义上的目标：视觉上实现草绿、水流，如处江南，草长莺飞、如沐春风，给人以生命的活力并使人精神振奋；热能来源上必须是绿色低碳无污染，利于景观设计对象微气候、微环境的改善和提升，实现生物多样化的同时不对环境造成过度伤害；在经济上节能减排，以较低成本的投入获得较大的回报。

而围绕目标的系统综合则是对问题、背景、目标、条件等因素综合分析而初步拟定的多个系统方案。对微生态景观设计来说，是基于自然条件、景观环境、人工设施及地域文化因素等进行的综合性系统设计方案，它们的主要特征在于设计目标的选择决定了不同方案的针对性解决方式，也就决定了各个方案之间的差异性，从设计思维角度，这是一个发散的过程，数量多而类型丰富是这一步骤的重要指标，同时也是取得创新性方案的必由之路。

对于这些系统方案的分析，是系统分析的主要内容，其目的在于通过建立各种模型，将方案与设计目标联系起来，以模型的虚拟化运作演绎系统运行的实际状态，通常借助数学模型和计算机运算，使得各个系统方案的运行过程得到展现，运行结果提前得到验证。这里需要说明的是，由于本书作为学位论文的独立研究要求，在数学模型建立和运算方面，本人缺乏专业性的技能，本书不作深入具体的演示。而在真实的微生态景观设计项目实践中，完全可以借助团队的其他专业人员来完成这一步骤，为项目的设计过程提供切实有效的论证支持。

系统评价是对上述各个系统分析模型的比较与评价。择优排序以备决策论证。期间，评价的主要指标来自摆明问题和确定目标步骤中对项目的深入分析，而所谓最优方案是在比照、衡量的过程中，对主要问题及主导性目标的回应。因此，从逻辑维的前五个阶段的运作内容能够发现，实质上这种设计方法和步骤的优势在于，不仅提供了实现设计方案创新性的方法路径与手段，还能够作为不断检讨的过程，强化目标意识的管理方式。决策和实施步骤是将已经优化选择的系统方案进行实际运作的过程。作为景观设计师，协同参与并及时提供修正补充，是必不可少的工作内容，同时，来自运行过程中的反馈会增进系统在优化和演进发展阶段的良性趋势，从而进一步完善设计方案。

3. 专业维

在 H. 霍尔的三维结构体系中，专业维代表着能够运用这一结构体系的不同专业领域，包括艺术、社会科学、管理、法律、建筑、医学、商业、工程等，在高志亮等的解读中，更是将这一维度拓展为 14 层[101]。而对于微生态景观设计来说，这一专业维度可作为界定并体现学科交叉与综合的坐标图示。基于生态系统塑造与发展的要求，城市规划、建筑学、风景园林学作为主导学科，是在与社会学、美学、心理学、管理学、物理学、数学等多学科交叉融合的平台基础上综合实现其要求的。因此，本课题研究至此，已深刻体会到吴良镛先生提出的"广义建筑学"概念的主旨和意义，理解董雅先生

立足于设计学的视角提出的"广义设计学"理论的实质，并确信学科交叉与融合不仅将成为生态建设目标引导下的必然发展趋势，也将为学科的综合与更新带来积极的推动作用。

6.6.4 系统优化与演进的动态过程

系统的发展是一个动态的变化过程。冬季微生态景观设计系统是一个复合系统。在这个系统中，不同属性的子系统相互关联、相互作用、相互渗透，其特点是系统的内容巨大而系统物理空间较小，系统中的结构复杂，各要素以及它们分别形成的子系统相对独立而又相互联系，这一系统立体的网络结构促使研究思路必须遵照系统的原则，以实现其综合功能和总目标为优化的基本要求，来不断应对结构变化的发展态势。另外，随着冬季微生态景观设计系统的不断发展，在设计思维、方法、技术和材料等方面都会不断更新，这种更新就会产生新的推动力，这就需要在原有的基础上不断进行系统优化和系统演进：原来的高技术可能会变成低技术，原有的高价格材料可能会变成低价格，而且由于微生态景观设计系统是一个开放的系统，系统内的各要素都会随着外部环境的改变而改变，由于外部环境对某个要素产生了重大影响，那么景观要素之间的关系也会随之改变，因而，系统的优化与演进成为一种必然。

第7章
结论与展望

【本章导读】

    本章总结并回顾了"冬令春景"课题研究的目标、研究过程及方法，对基于局部、区域的生态环境改良与改善，进而形成的冬季微生态景观设计，在设计理念、设计方法等层面的进一步延伸与拓展进行了展望。冬季微生态景观设计体系的构建，为改变生态状况提供一条可行的路径："冬令春景"景观技术为景观设计学带来技术突破与创新，丰富了生态技术的内容，对促进生态经济发展有积极的作用，具有广阔的发展与应用前景。

刘易斯·芒福德曾提出："在区域范围内维持一个绿色环境，这对城市文化来说是极其重要的。一旦这个环境被损坏、被掠夺、被消灭，那么，城市也会随之而衰退，因为这两者之间的关系是共存共亡的。……重新占领这些绿色环境，使其重新美化、充满生机，并使之成为一个平衡的生活的重要价值泉源，这是城市更新的最重要条件之一。"[102]

本书自研究缘起，便立足于一个清晰的目标，即试图寻找改变北方城市冬季景观萧瑟景象的解决办法，这使得研究从一开始便具备跨学科的属性。在跨学科的平台上，借助对热能及热能储备与转换方式的学习，促动了在北方城市的冬季景观草坪常绿，水体不结冰的局部实验，并取得了成功，获得了国家专利。以生态美学为理论支撑，以低技术理念为指导的实验的完成，为启动本书研究的冬季微生态景观设计命题，奠定了先导性的生态技术支撑，也形成了生态美学、物理热力学、设计艺术学与生态技术等多学科交叉、融合的研究结构和平台。

然而，随着研究工作的深入，所涉及的各学科内容不断扩充，逐步构筑起围绕着冬季微生态景观设计互为联系、互为依存的多种要素——气候、土壤、能源、人工设施以及地域性人文特色，林林总总，丰富多样，使得这一设计系统成为有极强包容性的综合体系。因而，本书采用了系统研究方法使庞大的内容条理有序、结构整体、目标明确，并更加具有可操作性，系统方法便成为本书研究构建微生态景观设计的方法论支撑。

本书的研究工作步步递进，一路走来，从发现问题到提出问题，研究以解决冬令春景的技术为肇始，以景观草坪和水体为靶向，以低技术理念为技术选择原则，以绿色能源为能量流循环再利用的主体，逐步完成了冬季微生态景观设计系统的确立。这样的系统具有生态的、心理的、环境美学的、经济的和景观设计变革的意义，同时，由于系统要素季节性状态的改变，使得系统内要素的关系发生了质变，从一个技术系统的层面并带动整个景观系统向更高的层面迈进。

缘起时的技术性研究成为基础和技术支撑，技术的实施带来了微环境、微气候的转变，使得冬季的微生态景观设计研究朝着生态环境学递进。虽然改变整个生态系统不是一蹴而就的，但改变其局部的生态环境是具体可行的。因此，本书在研究的基础上进一步提出了"微生态景观"设计的理念，该理念认为能量存在于环境之中，能量的分布可以是自然的，也可以是人工的。人为地在微景观中改变能量流动路径，让它对景观中活跃因素进行激活，就可以实现微气候、微环境的变化，因而实现大生态环境下的微生态改良。这种改良不仅是物质的，同时也是精神的，是立足于生态本体论的自然与人平等互利、和谐共生、圆融贯通的探索和实践。

冬季微生态景观设计体系的构建，为改变目前的生态状况提供了一条可行的途径。生态，不再是一个被当作理论口号的概念，而是切实可行的具体化实践。它为整个景观环境的生态化改良提供了路径。"一屋不扫，何以扫天下"，局部的改良必将带动整个生态环境的改变。同时，微生态景观设计体系的构建，将会使景观设计学科的发展得到有效的提升。综合的、整体的、审美的、低技术的、生态的景观设计理念与方法，将景观设计从重视形式感和功能性的"红海"推向了具有广泛意义和生命力的生态"蓝海"。

本课题研究过程中发明的"冬令春景"的景观技术，不仅为景观设计学带来了技术的突破和创新，也为农业养殖、植物种植提供了解决之道；它丰富了生态技术的内容，尤其是低技术智慧的应用，使得使用成本大大降低，这对于促进生态经济发展将会产生巨大的作用，同时，也将给环境科学与环境美学的研究带来新的启发。

附录 A

2013 年 11 月 15 日—2014 年 3 月 15 日
济南最高与最低气温记录表

日期/（年-月-日）	天气状况	气 温	风力风向
2013-11-15	晴/晴	17℃/7℃	南风3~4级/南风3~4级
2013-11-16	晴/晴	13℃/1℃	北风3~4级/北风3~4级
2013-11-17	晴/晴	11℃/1℃	北风≤3级/北风≤3级
2013-11-18	晴/晴	9℃/-1℃	北风≤3级/北风≤3级
2013-11-19	晴/晴	9℃/1℃	北风≤3级/北风≤3级
2013-11-20	晴/晴	11℃/2℃	北风≤3级/北风≤3级
2013-11-21	晴/霾	12℃/2℃	北风≤3级/南风≤3级
2013-11-22	霾/晴	14℃/5℃	南风≤3级/南风≤3级
2013-11-23	小雨/小雨	12℃/1℃	南风≤3级/南风≤3级
2013-11-24	小到中雪/多云	8℃/0℃	北风3~4级/北风3~4级
2013-11-25	晴/晴	9℃/1℃	北风≤3级/南风≤3级
2013-11-26	晴/多云	8℃/-3℃	南风≤3级/北风 4~5级
2013-11-27	晴/晴	1℃/-6℃	北风 4~5级/北风3~4级
2013-11-28	晴/晴	4℃/-2℃	北风≤3级/西南风≤3级
2013-11-29	晴/晴	10℃/2℃	南风≤3级/南风3~4级
2013-11-30	晴/晴	9℃/0℃	北风3~4级/北风≤3级

冬季 设计与应用 微生态景观

日期/（年-月-日）	天气状况	气　温	风力风向
2013-12-01	晴/晴	11℃/3℃	南风≤3级/南风≤3级
2013-12-02	晴/多云	13℃/4℃	南风≤3级/南风≤3级
2013-12-03	晴/霾	12℃/3℃	北风≤3级/北风≤3级
2013-12-04	晴/晴	14℃/4℃	南风≤3级/南风≤3级
2013-12-05	晴/晴	11℃/1℃	北风≤3级/北风≤3级
2013-12-06	晴/晴	12℃/3℃	南风≤3级/南风3~4级
2013-12-07	晴/霾	13℃/5℃	南风3~4级/南风3~4级
2013-12-08	雾/多云	10℃/-1℃	北风≤3级/北风3~4级
2013-12-09	晴/晴	6℃/-2℃	北风3~4级/南风≤3级
2013-12-10	晴/晴	8℃/-3℃	南风≤3级/北风≤3级
2013-12-11	晴/晴	8℃/-1℃	南风3~4级/南风3~4级
2013-12-12	晴/晴	6℃/-4℃	北风3~4级/北风3~4级
2013-12-13	晴/晴	6℃/-1℃	南风≤3级/南风≤3级
2013-12-14	晴/霾	8℃/-2℃	北风≤3级/北风≤3级
2013-12-15	霾/霾	6℃/-1℃	北风≤3级/南风≤3级
2013-12-16	霾/霾	7℃/-1℃	南风≤3级/南风≤3级
2013-12-17	阴/小雪	5℃/-3℃	北风3~4级/北风3~4级
2013-12-18	多云/晴	1℃/-6℃	北风≤3级/北风≤3级
2013-12-19	霾/霾	2℃/-6℃	北风≤3级/北风≤3级
2013-12-20	晴/晴	3℃/-7℃	北风≤3级/北风≤3级
2013-12-21	晴/晴	3℃/-5℃	北风≤3级/北风≤3级
2013-12-22	多云/晴	4℃/-4℃	南风≤3级/南风≤3级
2013-12-23	晴/晴	5℃/-4℃	南风≤3级/北风≤3级
2013-12-24	晴/霾	4℃/-2℃	北风≤3级/南风≤3级
2013-12-25	霾/晴	8℃/-5℃	南风≤3级/北风3~4级
2013-12-26	晴/晴	0℃/-7℃	北风3~4级/北风≤3级
2013-12-27	晴/晴	3℃/-6℃	南风≤3级/西风≤3级
2013-12-28	晴/晴	2℃/-5℃	北风≤3级/西南风≤3级
2013-12-29	晴/晴	6℃/-2℃	西南风3~4级/西南风3~4级
2013-12-30	晴/晴	8℃/0℃	西风3~4级/西南风3~4级
2013-12-31	晴/晴	10℃/2℃	西风3~4级/西风≤3级
2014-01-01	晴/晴	12℃/1℃	南风≤3级/南风≤3级

日期/（年-月-日）	天气状况	气　温	风力风向
2014-01-02	多云/多云	12℃/−1℃	南风≤3级/南风≤3级
2014-01-03	晴/晴	8℃/−2℃	北风3~4级/北风3~4级
2014-01-04	晴/晴	8℃/−1℃	南风≤3级/南风≤3级
2014-01-05	霾/霾	7℃/−1℃	北风≤3级/南风≤3级
2014-01-06	多云/霾	7℃/1℃	南风≤3级/南风≤3级
2014-01-07	雨夹雪/阴	5℃/−3℃	北风≤3级/北风3~4级
2014-01-08	晴/多云	2℃/−6℃	北风≤3级/北风≤3级
2014-01-09	晴/晴	4℃/−4℃	南风≤3级/南风≤3级
2014-01-10	晴/霾	6℃/−2℃	南风≤3级/南风≤3级
2014-01-11	霾/晴	6℃/−4℃	南风≤3级/北风3~4级
2014-01-12	晴/晴	3℃/−5℃	北风3~4级/南风≤3级
2014-01-13	晴/晴	5℃/−4℃	南风≤3级/南风≤3级
2014-01-14	多云/霾	5℃/−2℃	南风≤3级/南风≤3级
2014-01-15	多云/阴	7℃/0℃	南风≤3级/南风3~4级
2014-01-16	多云/晴	7℃/−3℃	南风≤3级/北风≤3级
2014-01-17	霾/霾	3℃/−4℃	北风3~4级/北风≤3级
2014-01-18	晴/晴	7℃/0℃	南风≤3级/南风3~4级
2014-01-19	多云/多云	8℃/−3℃	南风3~4级/北风3~4级
2014-01-20	晴/晴	4℃/−5℃	北风3~4级/北风≤3级
2014-01-21	晴/晴	4℃/−2℃	北风≤3级/南风3~4级
2014-01-22	晴/晴	9℃/3℃	南风3~4级/南风3~4级
2014-01-23	晴/多云	12℃/4℃	南风3~4级/南风3~4级
2014-01-24	多云/阴	12℃/0℃	北风≤3级/北风3~4级
2014-01-25	晴/晴	8℃/−2℃	北风3~4级/东风≤3级
2014-01-26	晴/晴	8℃/4℃	南风3~4级/南风3~4级
2014-01-27	晴/晴	12℃/0℃	南风3~4级/北风3~4级
2014-01-28	晴/晴	9℃/3℃	北风≤3级/南风3~4级
2014-01-29	多云/晴	13℃/3℃	南风3~4级/南风3~4级
2014-01-30	晴/霾	11℃/4℃	北风3~4级/南风3~4级
2014-01-31	霾/小雨	13℃/5℃	南风≤3级/北风≤3级
2014-02-01	雾/雾	9℃/2℃	北风≤3级/南风≤3级
2014-02-02	雾/多云	6℃/−2℃	南风≤3级/东北风3~4级

日期/（年-月-日）	天气状况	气 温	风力风向
2014-02-03	晴/晴	3℃/−5℃	东北风3~4级/东北风3~4级
2014-02-04	晴/多云	2℃/−3℃	东北风≤3级/东风≤3级
2014-02-05	小到中雪/小到中雪	1℃/−3℃	东风≤3级/东北风≤3级
2014-02-06	阴/小雪	0℃/−3℃	东北风≤3级/东北风≤3级
2014-02-07	小雪/阴	0℃/−6℃	东北风≤3级/东北风≤3级
2014-02-08	多云/阴	0℃/−6℃	东北风≤3级/北风3~4级
2014-02-09	多云/多云	−2℃/−10℃	北风3~4级/北风≤3级
2014-02-10	晴/晴	−1℃/−9℃	北风≤3级/北风≤3级
2014-02-11	晴/晴	1℃/−7℃	南风≤3级/南风≤3级
2014-02-12	多云/多云	2℃/−4℃	东北风≤3级/东风≤3级
2014-02-13	多云/多云	3℃/−3℃	东风≤3级/南风≤3级
2014-02-14	晴/晴	6℃/−1℃	南风3~4级/南风3~4级
2014-02-15	晴/多云	8℃/1℃	南风3~4级/南风3~4级
2014-02-16	多云/雨夹雪	8℃/−1℃	南风≤3级/东北风3~4级
2014-02-17	雨夹雪/多云	3℃/−2℃	东北风3~4级/东北风3~4级
2014-02-18	多云/多云	5℃/−1℃	东北风≤3级/东南风≤3级
2014-02-19	阴/多云	4℃/−3℃	北风≤3级/南风≤3级
2014-02-20	晴/晴	8℃/1℃	南风≤3级/南风3~4级
2014-02-21	晴/多云	12℃/3℃	南风3~4级/南风3~4级
2014-02-22	晴/多云	12℃/5℃	南风≤3级/东南风≤3级
2014-02-23	多云/多云	12℃/5℃	东南风≤3级/南风≤3级
2014-02-24	多云/霾	14℃/6℃	南风≤3级/南风≤3级
2014-02-25	霾/霾	15℃/7℃	南风≤3级/南风≤3级
2014-02-26	多云/小雨	16℃/4℃	南风3~4级/南风≤3级
2014-02-27	阴/多云	9℃/1℃	东北风3~4级/东风≤3级
2014-02-28	多云/阴	8℃/2℃	南风≤3级/南风≤3级
2014-03-01	多云/晴	11℃/1℃	北风≤3级/南风≤3级
2014-03-02	晴/晴	14℃/6℃	南风≤3级/南风3~4级
2014-03-03	晴/多云	15℃/4℃	南风3~4级/南风3~4级
2014-03-04	阴/晴	11℃/−1℃	南风3~4级/北风3~4级
2014-03-05	晴/多云	9℃/1℃	北风≤3级/北风≤3级
2014-03-06	多云/多云	8℃/1℃	北风≤3级/南风≤3级

日期/（年-月-日）	天气状况	气　温	风力风向
2014-03-07	多云/阴	11℃/4℃	南风≤3级/南风3~4级
2014-03-08	阴/晴	13℃/2℃	南风3~4级/南风≤3级
2014-03-09	晴/晴	14℃/6℃	北风≤3级/东南风≤3级
2014-03-10	晴/晴	16℃/10℃	南风3~4级/南风4~5级
2014-03-11	多云/小雨	18℃/4℃	南风4~5级/南风3~4级
2014-03-12	阴/多云	9℃/0℃	北风4~5级/北风≤3级
2014-03-13	晴/晴	13℃/3℃	西风≤3级/南风≤3级
2014-03-14	晴/晴	15℃/10℃	北风≤3级/西南风3~4级
2014-03-15	晴/晴	23℃/13℃	西南风4~5级/南风3~4级

附录A　2013年11月15日—2014年3月15日济南最高与最低气温记录表

附录 B

2013—2014 年冬季草坪实验温度
原始数据记录表

序号	日期/（年-月-日）	时刻	当日天气	加热电量/(kW·h)	加温区/℃						常温区/℃					
					加温1	加温2	加温3	加温4	加温5	加温6	常温1	常温2	常温3	常温4	常温5	常温6
1	2013-11-27	9：30	晴	171	15.8	11.9	7.1	9.4	2.5	0.9	17.7	10.1	6.0	7.4	1.0	1.7
2	2013-11-27	10：30	晴		16.2	12.1	7.1	9.7	6.0	3.1	17.7	9.4	6.2	8.8	6.1	8.3
3	2013-11-27	14：00	晴	173	17.5	13.5	8.5	11.2	2.4	-0.3	17.1	9.8	6.8	8.2	0.2	0.7
4	2013-11-28	9：30	晴	176	18.2	13.7	7.5	9.8	0.2	-3.1	15.4	10.0	4.2	4.6	-2.1	-2.2
5	2013-11-28	14：00	晴	177	17.9	14.0	9.2	12.5	6.3	3.5	21.4	21.4	9.2	7.7	5.1	5.1
6	2013-11-28	17：00	晴	178	18.5	14.6	9.3	11.8	3.5	0.8	11.4	11.4	6.5	4.5	0.8	2.1
7	2013-11-29	9：30	晴	178	14.9	13.9	8.6	10.9	5.1	4.5	11.5	11.5	4.4	2.8	3.2	5.5
8	2013-11-29	14：00	晴	183	12.1	14.5	10.0	13.8	10.9	13.3	11.8	11.8	6.8	12.8	19.4	21.1
9	2013-11-29	17：00	晴		12.5	15.2	10.5	13.5	7.8	6.5	12.1	12.1	6.4	5.8	6.1	7.4
10	2013-11-30	9：30	晴	188	13.6	15.9	10.4	12.5	5.3	11.0	11.4	9.1	5.0	2.7	1.8	1.8
11	2013-11-30	14：00	晴	189	14.0	16.3	11.9	15.2	11.1	10.0	11.5	10.2	7.1	9.5	10.9	11.8
12	2013-11-30	17：00	晴		14.1	16.3	12.2	15.1	4.5	4.4	11.6	10.6	7.0	5.9	4.5	5.8
13	2013-12-01	9：30	晴	194	13.8	15.8	10.3	12.5	5.2	1.1	10.8	9.9	4.6	2.2	1.1	1.7
14	2013-12-01	14：00	晴	195	14.1	16.5	12.4	15.1	11.5	10.9	11.0	10.4	7.0	9.2	11.0	12.0
15	2013-12-01	17：00	晴	196	14.2	16.5	12.4	15.4	7.9	3.8	11.1	10.9	6.8	5.8	4.0	5.2
16	2013-12-02	9：30	晴	199	14.2	15.9	10.5	12.6	5.5	2.0	11.3	9.4	4.6	2.8	2.2	2.4
17	2013-12-02	14：00	晴	200	14.2	15.6	11.8	15.8	13.9	17.5	11.5	10.3	7.1	12.2	16.4	22.3
18	2013-12-02	17：00	晴		14.7	16.2	12.6	15.9	9.1	5.9	11.9	11.0	7.2	6.8	5.5	7.1
19	2013-12-03	8：00	晴	204	14.8	16.2	12.1	13.7	5.2	0.2	11.8	10.5	5.5	3.1	1.1	0.9

序号	日期/(年-月-日)	时刻	当日天气	加热电量/(kW·h)	加温区/℃						常温区/℃					
					加温1	加温2	加温3	加温4	加温5	加温6	常温1	常温2	常温3	常温4	常温5	常温6
20	2013-12-03	14:00	晴	205	14.8	16.8	13.4	16.4	13.1	14.1	11.9	11.0	7.7	11.2	13.8	19.2
21	2013-12-03	17:00	晴	206	15.1	16.6	14.0	16.2	8.8	12.1	12.1	11.4	7.5	6.6	5.2	6.2
22	2013-12-04	8:00	晴	209	14.5	15.7	12.0	13.2	4.1	1.6	11.5	10.5	5.3	1.9	-0.7	-0.7
23	2013-12-04	14:00	晴	210	14.7	17.2	13.5	16.1	13.9	16.7	11.6	11.2	7.9	10.3	14.4	16.4
24	2013-12-04	17:00	晴		18.7	21.4	17.2	16.8	12.4	10.8	20.7	15.9	14.7	17.2	9.4	12.2
25	2013-12-05	8:00	晴	214	19.8	14.4	12.0	13.5	8.1	3.5	20.7	8.2	7.1	5.9	3.5	4.6
26	2013-12-05	14:00	晴		19.8	15.7	12.0	13.2	5.6	2.6	11.8	11.4	8.9	10.5	13.0	12.0
27	2013-12-05	17:00	晴	216	19.3	15.1	12.6	14.4	9.0	3.2	11.3	8.5	7.8	6.6	3.9	4.4
28	2013-12-06	8:00	晴	219	13.9	13.7	10.5	11.3	5.0	-3.1	9.4	7.0	5.2	2.1	-1.6	-2.1
29	2013-12-06	14:00	晴		13.9	13.8	11.8	13.9	14.7	12.6	9.1	7.4	7.0	8.5	10.3	12.4
30	2013-12-06	17:00	晴	221	14.1	14.2	12.3	13.9	11.4	5.8	9.3	7.8	7.0	6.8	5.4	6.9
31	2013-12-07	8:00	晴	224	13.8	13.4	10.9	11.2	7.0	0.0	10.1	6.4	5.1	2.8	0.6	0.5
32	2013-12-07	14:00	晴		13.9	13.7	12.1	14.4	15.4	13.4	10.0	6.9	7.1	9.8	12.2	13.5
33	2013-12-07	17:00	晴	226	14.1	14.2	12.7	14.7	11.8	5.6	10.3	7.3	7.2	7.0	5.8	6.9
34	2013-12-08	8:00	晴		14.1	13.5	12.1	12.7	8.1	1.3	9.5	6.9	6.1	4.4	2.1	1.8
35	2013-12-08	14:00	阴		14.1	13.7	12.4	13.4	10.7	5.3	9.3	6.9	6.5	6.2	5.6	5.3
36	2013-12-09	8:00	晴		14.2	13.5	11.5	11.9	5.6	3.1	9.0	6.0	5.5	1.8	1.8	-2.0
37	2013-12-09	14:00	晴		13.9	13.4	11.6	12.7	9.4	5.4	8.6	6.8	6.4	6.1	5.8	6.5
38	2013-12-09	17:00	晴		14.0	13.4	11.8	12.5	7.9	2.0	8.6	6.9	6.2	4.4	2.4	3.4
39	2013-12-10	8:00	晴		13.5	12.5	11.2	9.9	4.1	-2.8	15.0	6.5	3.9	0.4	1.9	1.6
40	2013-12-10	14:00	晴		13.5	12.7	11.9	11.7	10.9	9.2	7.3	5.5	5.4	7.0	8.9	11.6
41	2013-12-10	17:00	晴	242	13.7	13.1	12.4	12.1	9.3	5.4	7.5	6.8	5.7	5.0	5.0	6.4
42	2013-12-11	8:00	晴		13.4	12.8	11.0	9.7	3.8	-4.3	7.0	6.1	3.4	0.0	-3.2	-3.2
43	2013-12-11	14:00	晴		13.5	12.8	11.5	11.2	9.8	6.9	6.8	5.0	4.9	5.5	6.7	8.1
44	2013-12-11	17:00	晴		13.8	13.1	12.0	11.2	7.5	3.1	7.0	5.4	4.7	3.4	2.9	4.2
45	2013-12-12	8:00	晴	251	13.5	12.8	11.1	10.1	5.4	-1.9	6.6	5.0	3.8	0.9	-1.1	-0.9
46	2013-12-12	14:00	晴	253	13.6	13.5	11.7	11.5	9.4	5.9	6.6	5.6	4.9	5.4	6.2	6.9
47	2013-12-12	17:00	晴		13.8	13.8	11.8	11.1	6.4	0.3	6.9	5.3	4.5	2.1	0.9	1.7
48	2013-12-13	8:00	晴		13.2	13.4	10.1	8.7	2.8	-5.5	6.1	4.2	2.8	-0.8	-3.9	-4.6
49	2013-12-13	14:00	晴		13.2	13.5	10.9	10.7	9.5	6.1	6.0	4.4	3.8	4.9	6.4	6.9
50	2013-12-13	17:00	晴		13.4	14.0	11.4	11.1	7.5	0.6	6.1	4.5	4.1	2.8	0.7	1.8
51	2013-12-15	8:00	晴		13.4	13.4	10.4	10.4	9.1	3.5	-5.0	5.8	3.9	2.6	-0.5	-4.2
52	2013-12-15	14:00	晴		13.5	13.5	11.4	10.9	10.9	7.4	5.7	4.2	4.1	5.1	6.4	6.9
53	2013-12-15	17:00	晴	266	13.6	14.0	11.8	11.3	8.2	0.9	5.9	4.4	4.2	3.2	1.3	1.8
54	2013-12-16	8:00	晴		13.2	13.6	10.6	9.9	8.3	4.1	5.6	3.9	3.1	1.5	3.6	4.1
55	2013-12-16	14:00	晴		13.3	13.1	11.5	11.4	11.6	8.0	5.6	4.2	4.4	5.9	7.9	8.2
56	2013-12-16	17:00	晴		13.5	13.9	11.8	11.5	7.2	-1.6	6.1	4.0	4.2	2.0	0.8	0.4
57	2013-12-17	8:00	晴		13.3	14.5	10.4	9.9	6.3	0.4	5.8	4.1	3.3	1.0	0.1	0.7
58	2013-12-18	8:00	晴		10.2	11.5	8.4	8.0	6.7	2.2	5.8	4.2	3.5	2.5	2.1	2.2
59	2013-12-18	14:00	晴		10.2	11.5	8.8	9.0	9.7	6.1	5.8	4.3	4.3	5.2	6.5	6.2

序号	日期/(年-月-日)	时刻	当日天气	加热电量/(kWh)	加温1	加温2	加温3	加温4	加温5	加温6	常温1	常温2	常温3	常温4	常温5	常温6
60	2013-12-18	17：00	晴		10.9	12.2	9.2	8.8	6.3	-0.2	6.1	4.6	4.1	2.6	0.5	0.5
61	2013-12-19	8：00	晴	281	12.4	13.2	9.8	8.7	3.7	-3.5	5.9	4.4	3.6	0.9	-2.2	-2.4
62	2013-12-19	14：00	晴	282	12.4	13.4	10.2	9.2	5.8	0.6	5.6	4.3	4.1	2.6	1.1	1.4
63	2013-12-19	17：00	晴		12.5	13.4	10.2	9.5	4.8	-3.5	5.8	4.4	3.8	1.1	-2.5	-2.1
64	2013-12-20	8：00	晴	290	11.2	11.3	6.4	5.9	-0.9	-8.2	4.6	2.7	1.5	-1.3	-6.1	-7.3
65	2013-12-20	14：00	晴	292	11.1	11.2	7.0	7.7	7.9	2.3	4.5	2.5	1.8	2.1	2.2	2.7
66	2013-12-20	17：00	晴		11.4	11.5	7.5	8.1	5.3	-3.2	4.5	2.8	1.9	10.0	-2.1	-2.1
67	2013-12-21	8：00	晴	296	11.5	11.1	6.5	5.9	2.5	-7.7	4.4	2.4	1.2	-2.2	-5.8	-6.8
68	2013-12-21	14：00	晴	298	11.3	11.0	6.9	7.4	7.1	2.1	4.4	2.2	1.4	1.8	2.1	2.9
69	2013-12-21	17：00	晴	298	11.4	11.3	7.4	7.8	6.2	-1.4	4.3	2.4	1.5	1.3	-0.9	-0.4
70	2013-12-22	8：00	晴		11.4	11.0	6.8	6.5	4.3	-1.0	4.1	2.1	1.1	-0.6	-1.0	-0.7
71	2013-12-22	14：00	晴	304	11.5	11.2	8.0	8.4	9.1	6.0	4.2	2.1	1.5	2.7	3.0	4.0
72	2013-12-22	17：00	晴		11.7	11.5	8.1	8.5	6.4	-1.9	4.2	2.3	1.5	1.6	-1.5	-0.8
73	2013-12-23	8：00	晴		11.6	11..1	7.2	6.6	4.1	-3.6	4.2	2.1	1.1	-1.1	-2.2	-3.2
74	2013-12-23	14：00	晴		11.5	11.5	7.9	8.3	9.6	5.4	4.1	2.1	1.5	3.0	4.7	5.7
75	2013-12-23	17：00	晴		11.8	11.9	8.5	8.9	7.1	-1.7	4.1	2.3	1.9	1.9	-1.2	-0.2
76	2013-12-24	8：00	晴	315	11.8	13.2	7.4	6.8	3.2	-5.5	4.1	2.1	1.1	-1.5	-3.6	-4.7
77	2013-12-24	14：00	晴		11.7	13.4	9.1	8.7	10.2	5.9	4.1	2.1	1.4	3.3	4.2	5.3
78	2013-12-24	17：00	晴		11.8	13.5	9.0	8.9	7.9	0.5	4.2	2.3	2.0	2.8	0.9	1.9
79	2013-12-25	8：00	晴	321	12.0	13.5	8.0	7.6	3.7	-4.4	4.2	2.2	1.4	-0.8	-3.3	-3.7
80	2013-12-25	14：00	晴		11.8	13.5	8.8	9.2	10.1	6.8	4.2	2.2	2.0	3.8	5.7	6.9
81	2013-12-25	17：00	晴		11.9	13.9	9.1	9.5	8.1	0.8	4.4	2.4	2.5	3.5	1.0	1.7
82	2013-12-26	8：00	晴	327	11.9	13.5	7.7	6.8	-0.1	-7.6	4.2	2.2	1.2	-1.9	-5.9	-6.6
83	2013-12-26	14：00	晴		11.5	13.1	7.5	6.9	4.6	-0.1	4.1	2.0	1.3	1.1	0.7	1.3
84	2013-12-26	17：00	晴		11.4	13.4	7.5	7.1	3.5	-4.2	4.1	2.3	1.3	0.4	-3.0	-3.1
85	2013-12-27	8：00	晴		11.1	12.5	6.5	5.4	-0.6	-2.5	3.8	1.7	0.6	-1.5	-2.6	-1.5
86	2013-12-27	14：00	晴		11.5	13.2	7.8	7.0	4.6	-0.2	4.1	2.0	1.4	1.1	0.8	1.3
87	2013-12-27	17：00	晴		11.2	12.9	7.4	7.0	4.2	-3.5	3.8	1.7	0.9	0.7	-2.3	-2.2
88	2013-12-28	8：00	晴		11.1	12.8	6.6	5.3	-1.2	-9.2	3.9	1.5	0.4	-2.9	-3.5	-8.2
89	2013-12-28	14：00	晴	340	10.8	12.8	6.9	6.6	6.5	2.0	3.8	1.5	0.8	1.4	2.6	2.9
90	2013-12-28	17：00	晴		10.7	12.8	7.0	6.8	4.7	-1.7	3.8	1.6	0.9	-1.1	-0.2
91	2013-12-29	8：00	晴		10.8	12.6	6.2	5.2	3.2	-0.6	3.7	1.5	0.6	-0.9	-1.2	0.3
92	2013-12-30	8：00	晴	351	11.1	13.1	7.2	5.9	3.7	-0.1	3.8	1.5	1.0	0.1	-0.5	0.8
93	2013-12-30	14：00	晴		11.1	13.1	7.6	7.9	11.2	11.0	3.8	1.6	1.5	4.9	10.9	14.6
94	2013-12-30	17：00	晴		11.2	13.5	8.2	8.2	9.4	5.9	3.9	1.8	1.8	3.0	5.5	7.1
95	2013-12-31	8：00	晴		11.2	13.7	7.8	6.9	4.4	1.2	4.0	1.6	1.2	0.0	0.2	2.2
96	2013-12-31	14：00	晴		11.2	14.0	8.7	8.6	13.4	11.7	4.0	2.1	2.7	6.4	11.6	12.6
97	2013-12-31	17：00	晴		11.4	14.4	9.2	9.1	11.0	7.9	4.2	2.3	2.8	4.4	6.9	9.4
98	2014-01-01	8：00	晴	364	11.7	15.0	8.6	7.5	6.4	3.1	4.2	2.0	1.7	0.8	2.4	4.2
99	2014-01-01	14：00	晴		11.7	15.1	9.5	9.5	14.5	12.8	4.2	2.4	3.5	8.1	13.2	13.9

冬季微生态景观设计与应用

序号	日期/(年-月-日)	时刻	当日天气	加热电量/(kW·h)	加温区/℃						常温区/℃					
					加温1	加温2	加温3	加温4	加温5	加温6	常温1	常温2	常温3	常温4	常温5	常温6
100	2014-01-01	17：00	晴		12.0	15.7	10.2	9.9	9.9	3.6	4.5	2.9	3.4	3.5	3.1	5.0
101	2014-01-02	8：00	晴		12.0	15.0	8.9	8.4	9.8	8.2	4.4	2.3	2.2	2.2	6.9	8.3
102	2014-01-02	14：00	晴		11.8	15.3	10.0	9.7	14.5	12.7	4.2	2.5	3.8	8.2	13.5	13.8
103	2014-01-02	17：00	晴		12.4	16.2	10.8	11.0	14.1	10.4	4.9	3.4	4.3	6.4	9.2	11.1
104	2014-01-03	8：00	晴		12.5	16.4	10.2	9.5	8.2	2.5	5.0	3.1	2.9	2.4	2.5	3.1
105	2014-01-03	14：00	晴		12.9	16.5	10.9	11.3	12.2	7.6	5.1	3.5	4.4	6.4	7.9	7.9
106	2014-01-03	17：00	晴		13.0	16.8	11.1	11.1	10.0	4.2	5.4	3.9	4.4	4.1	4.6	5.5
107	2014-01-04	8：00	晴		12.6	15.8	9.3	8.1	4.2	4.2	5.0	2.9	2.2	-0.9	-3.4	-3.3
108	2014-01-04	17：00	晴	384	12.6	16.1	10.4	10.8	11.4	6.9	5.1	3.4	4.7	5.8	7.6	7.9
109	2014-01-05	8：00	晴		12.5	15.5	9.3	8.4	5.9	-1.8	5.0	2.9	0.1	-1.2	-1.1	
110	2014-01-05	14：00	晴		12.6	15.8	10.2	10.8	12.5	7.3	5.1	3.2	4.1	6.1	7.2	7.3
111	2014-01-05	17：00	晴		12.6	15.3	10.5	10.5	11.5	5.1	5.2	3.4	4.3	5.5	6.2	6.1
112	2014-01-06	8：00	晴		12.5	15.4	9.1	8.2	4.9	-4.1	5.1	2.9	2.2	-0.7	-3.5	-3.6
113	2014-01-06	17：00	晴	396	12.4	15.4	10.2	10.2	9.7	2.9	5.2	3.3	3.7	3.6	3.0	3.2
114	2014-01-07	8：00	晴		12.4	15.2	9.7	9.2	7.5	0.2	5.3	3.1	3.1	1.5	0.6	0.5
115	2014-01-07	14：00	晴		12.3	15.1	10.2	11.1	13.1	9.2	5.4	3.5	4.3	6.7	8.5	9.1
116	2014-01-07	17：00	晴	402	12.5	15.5	10.7	11.1	9.4	3.2	5.8	4.0	4.5	4.0	3.5	3.9
117	2014-01-08	8：00	晴		12.5	14.9	9.6	8.9	6.2	-1.1	5.4	3.5	3.0	-0.4	-0.4	
118	2014-01-08	14：00	晴		12.5	14.8	10.0	10.1	10.6	6.0	5.4	3.4	3.9	4.8	5.7	6.2
119	2014-01-08	17：00	晴		12.4	14.9	10.3	10.2	7.5	-0.4	5.6	3.8	3.9	2.1	0.2	0.9
120	2014-01-09	8：00	晴		12.1	13.7	8.2	7.0	2.9	-6.5	5.1	2.7	1.7	-2.2	-5.1	-5.4
121	2014-01-09	14：00	晴		12.0	13.5	8.5	8.0	3.0	0.3	5.1	2.7	1.8	2.4	2.3	2.0
122	2014-01-09	17：00	晴	413	11.9	13.6	9.4	9.2	7.2	0.1	5.1	3.0	3.2	2.4	1.3	1.9
123	2014-01-10	8：00	晴		11.5	12.5	7.9	6.6	3.3	-3.1	4.8	2.4	1.5	-1.2	-2.4	-2.9
124	2014-01-11	8：00	晴		11.6	12.5	8.2	7.3	6.4	0.7	4.8	2.3	1.9	-0.1	1.1	0.8
125	2014-01-11	14：00	晴		11.7	12.8	9.5	9.8	12.9	8.6	4.3	2.8	3.5	6.8	9.9	10.0
126	2014-01-11	17：00	晴	425	11.9	13.2	9.8	9.8	11.0	5.8	5.0	3.1	3.8	5.0	6.3	6.9
127	2014-01-12	8：00	晴		12.0	12.8	8.8	7.8	4.1	-4.8	5.0	2.8	1.9	-1.5	-4.2	-3.8
128	2014-01-12	14：00	晴		11.5	12.3	8.9	8.9	9.2	3.0	4.9	2.8	3.0	3.5	3.4	3.2
129	2014-01-12	17：00	晴		11.5	12.4	9.2	8.9	6.6	-0.9	5.2	3.1	3.0	1.1	-0.3	-0.2
130	2014-01-13	8：00	晴		11.4	11.6	7.4	6.1	-1.1	-9.6	4.6	2.1	1.2	-3.8	-8.4	-8.5
131	2014-01-13	17：00	晴		11.3	12.0	8.9	8.9	6.9	-1.2	4.8	2.5	2.6	1.0	-0.6	-0.1
132	2014-01-14	8：00	晴		11.3	11.8	8.2	7.6	6.5	-0.4	4.7	2.3	1.9	0.5	-0.3	-0.1
133	2014-01-14	14：00	晴		14.4	11.9	9.0	9.6	11.1	7.0	4.8	2.6	3.3	6.5	9.1	7.2
134	2014-01-15	8：00	晴		11.5	11.7	8.1	7.0	3.8	-3.3	4.8	2.4	1.5	-1.1	-1.9	-2.4
135	2014-01-15	14：00	晴		11.5	11.9	9.3	10.0	11.8	8.6	4.8	2.1	3.4	8.1	10.8	11.1
136	2014-01-15	17：00	晴		11.8	12.4	9.9	10.1	8.2	1.6	5.1	3.2	3.6	2.9	1.9	2.9
137	2014-01-16	8：00	晴		11.9	12.1	9.0	8.6	8.7	5.9	6.0	2.8	2.8	3.4	6.1	6.2
138	2014-01-16	14：00	晴		12.1	12.4	9.7	10.2	13.6	9.9	6.2	3.2	4.1	8.0	11.4	10.9
139	2014-01-16	17：00	晴		12.2	12.7	10.3	10.5	7.9	2.1	6.5	3.6	4.2	3.6	2.8	3.2

序号	日期/（年-月-日）	时刻	当日天气	加热电量/（kW·h）	加温区/℃						常温区/℃					
					加温1	加温2	加温3	加温4	加温5	加温6	常温1	常温2	常温3	常温4	常温5	常温6
140	2014-01-17	8：00	晴	459	12.1	12.2	8.9	8.2	4.2	-2.4	7.1	2.9	2.4	0.2	-1.7	-1.6
141	2014-01-17	17：00	晴		12.0	12.2	9.3	9.1	5.8	0.7	7.2	3.1	3.2	2.1	1.1	1.2
142	2014-01-18	8：00	晴		11.8	11.3	8.0	7.0	1.9	-5.3	6.9	2.3	1.4	-2.0	-4.5	-4.5
143	2014-01-18	14：00	晴		11.5	11.6	9.1	10.0	15.9	16.1	6.9	2.6	3.8	10.5	17.2	14.3
144	2014-01-18	17：00	晴		11.9	12.4	10.1	10.1	8.5	2.9	7.2	3.1	3.8	3.5	3.1	3.9
145	2014-01-19	8：00	晴		11.7	11.9	8.9	7.8	6.6	4.9	7.0	2.5	2.4	2.3	4.2	5.2
146	2014-01-19	14：00	晴		11.6	12.0	9.5	9.2	10.8	7.1	7.2	3.2	4.1	5.9	8.0	8.4
147	2014-01-19	17：00	晴		11.9	12.3	10.0	10.0	8.3	2.8	7.0	3.0	3.7	3.4	3.1	3.9
148	2014-01-20	8：00	晴	477	11.8	11.9	8.1	7.6	9.2	9.9	7.4	2.7	2.5	5.1	12.9	8.9
149	2014-01-20	14：00	晴		11.8	11.9	9.5	9.3	17.4	13.5	7.0	3.0	4.2	10.2	16.2	15.4
150	2014-01-20	17：00	晴		12.2	12.5	10.2	9.1	6.1	1.5	7.7	3.5	3.8	2.4	1.8	2.7
151	2014-01-21	8：00	晴		11.7	11.4	7.8	5.9	-0.5	-5.2	7.2	2.2	3.2	-2.6	-4.8	-4.0
152	2014-01-21	14：00	晴		11.5	11.4	8.9	9.1	10.8	11.1	7.2	2.5	3.5	11.8	21.0	14.8
153	2014-01-21	17：00	晴		11.9	12.1	9.8	8.9	5.4	-0.1	7.4	3.1	3.2	1.7	0.4	1.4
154	2014-01-22	8：00	晴		11.7	11.2	8.1	6.5	5.1	2.2	6.9	2.2	1.5	0.2	1.9	2.9
155	2014-01-22	14：00	晴		11.5	11.5	9.4	9.5	19.9	16.5	6.9	2.7	4.0	12.8	21.1	18.8
156	2014-01-22	17：00	晴		12.0	12.5	10.4	10.1	10.1	7.1	7.2	3.5	4.1	5.4	6.9	8.5
157	2014-01-23	8：00	晴		12.0	12.1	8.9	7.5	5.8	0.4	7.0	2.8	1.9	0.8	1.0	1.0
158	2014-01-24	8：00	晴		12.4	12.7	9.8	9.0	7.3	2.2	7.2	3.8	3.2	2.5	2.2	2.8
159	2014-01-24	14：00	晴		12.7	13.1	10.8	10.9	13.0	9.8	7.3	4.2	4.6	7.1	9.2	10.0
160	2014-01-25	8：00	晴	506	12.6	12.9	9.8	8.8	5.7	1.4	7.3	4.3	3.4	1.9	1.6	1.9
161	2014-01-25	14：00	晴		12.7	13.3	11.4	12.0	15.2	10.4	7.4	4.9	6.1	13.9	15.9	13.5
162	2014-01-25	17：00	晴		12.9	13.5	11.4	11.0	8.6	3.8	7.7	5.2	5.2	4.4	4.4	5.2
163	2014-01-26	8：00	晴		12.1	12.2	8.8	7.4	2.1	-6.1	6.8	3.9	2.4	-1.8	-5.2	-5.2
164	2014-01-26	14：00	晴		12.6	13.2	11.0	10.3	8.1	4.0	7.4	5.0	4.9	3.9	3.8	4.9
165	2014-01-26	17：00	晴		12.6	13.1	10.8	10.5	7.8	3.8	7.3	4.9	4.9	4.1	4.3	5.4
166	2014-01-27	8：00	晴		12.2	12.2	9.3	8.5	7.9	5.6	6.9	4.4	3.9	3.8	5.2	6.4
167	2014-01-27	14：00	晴		12.2	12.5	10.8	11.5	21.3	21.1	7.1	5.0	6.2	14.2	21.8	19.5
168	2014-01-27	17：00	晴		12.9	13.4	11.7	11.9	12.8	9.4	7.5	5.7	6.4	8.2	9.5	10.5
169	2014-01-28	8：00	晴		13.7	13.8	10.7	9.4	5.5	1.4	7.0	4.8	3.9	1.8	1.9	2.3
170	2014-01-28	14：00	晴		13.9	14.3	12.4	13.1	22.9	19.1	7.2	5.3	5.8	5.8	19.6	17.2
171	2014-01-28	17：00	晴		14.2	14.9	12.0	12.5	9.2	4.4	7.1	5.9	5.9	5.2	5.0	5.7
172	2014-01-29	8：00	晴		14.1	14.2	11.0	10.2	7.5	4.8	6.7	4.8	3.9	4.0	5.0	5.4
173	2014-01-29	14：00	晴		14.2	14.8	12.7	13.3	19.2	17.7	7.0	5.4	6.7	13.7	18.8	17.2
174	2014-01-29	17：00	晴		14.4	15.2	13.3	13.4	13.2	10.2	7.7	6.1	6.5	8.4	10.1	11.2
175	2014-01-30	8：00	晴		11.3	14.3	11.6	10.8	7.7	1.8	7.9	5.4	4.6	3.2	2.2	2.4
176	2014-01-30	14：00	晴		14.3	14.9	12.7	13.1	16.4	14.2	8.1	5.8	6.2	10.9	12.9	13.5
177	2014-01-30	17：00	晴		14.5	15.4	13.2	13.3	12.1	8.5	8.2	6.2	6.4	7.5	8.7	9.5
178	2014-02-01	8：00	晴	545	11.2	14.8	12.3	11.8	7.0	1.4	7.4	6.0	5.4	4.0	2.4	2.1
179	2014-02-01	14：00	晴		11.1	14.8	12.2	11.8	7.9	2.8	7.2	6.0	5.5	4.7	3.6	3.3

序号	日期/（年-月-日）	时刻	当日天气	加热电量/（kW·h）	加温区/℃ 加温1	加温2	加温3	加温4	加温5	加温6	常温区/℃ 常温1	常温2	常温3	常温4	常温5	常温6
180	2014-02-01	17:00	晴		11.1	14.8	12.3	12.0	8.1	2.9	7.0	6.1	5.7	4.9	3.8	3.5
181	2014-02-02	8:00	晴		11.2	14.9	12.4	12.1	7.9	3.1	6.6	6.1	5.6	4.5	3.4	3.5
182	2014-02-03	8:00	晴		14.9	11.2	11.9	13.2	4.5	-0.1	7.0	5.9	4.9	1.3	0.0	0.3
183	2014-02-03	14:00	晴		14.5	17.0	12.2	14.6	11.6	10.9	6.8	5.9	6.0	7.1	8.2	8.5
184	2014-02-03	17:00	晴		14.8	17.4	12.5	14.5	5.2	-2.5	7.0	6.4	5.7	1.9	-1.9	-1.2
185	2014-02-04	8:00	晴		14.1	16.0	10.3	11.2	2.5	-1.1	5.6	4.5	3.2	-0.7	-1.2	-0.8
186	2014-02-05	8:00	晴		13.5	15.7	10.8	12.1	5.1	0.3	5.2	4.3	3.8	2.7	1.5	0.6
187	2014-02-06	8:00	雪		13.7	15.7	10.8	12.4	4.6	-2.4	5.4	4.5	4.1	1.8	-1.4	-1.6
188	2014-02-06	17:00	晴		20.1	16.4	10.8	12.5	5.0	-0.3	5.3	4.7	4.0	1.5	-0.1	-0.2
189	2014-02-07	8:00	晴		13.6	15.3	10.4	12.1	5.2	-1.4	5.1	4.9	3.3	2.0	-0.6	-0.9
190	2014-02-07	17:00	晴		13.2	15.0	10.3	12.3	4.2	-2.5	5.1	4.4	3.9	1.9	-1.2	-1.8
191	2014-02-08	8:00	晴		13.1	14.2	9.4	11.0	7.4	6.4	4.8	4.0	3.3	1.5	1.6	3.8
192	2014-02-08	14:00	晴		12.0	14.4	10.6	13.1	7.8	3.7	4.8	4.1	3.9	3.8	3.1	3.4
193	2014-02-09	8:00	晴		12.3	13.9	9.2	9.9	1.9	1.2	4.5	3.4	2.6	-0.5	-0.8	-2.2
194	2014-02-09	17:00	晴		11.3	13.8	9.8	11.1	2.9	-2.5	4.4	3.0	3.2	0.6	-2.0	-2.1
195	2014-02-10	8:00	晴		12.1	12.1	7.8	8.0	0.1	5.9	3.8	2.5	1.4	-0.2	10.1	0.0
196	2014-02-10	14:00	晴		12.1	12.9	8.9	10.8	10.8	14.5	3.6	2.5	2.1	5.2	11.2	8.9
197	2014-02-11	8:00	晴		12.1	12.8	7.9	7.9	0.7	5.6	3.5	2.2	1.2	-0.2	8.6	0.9
198	2014-02-12	8:00	晴	608	12.2	12.8	8.2	8.5	2.8	-1.9	3.5	2.4	1.2	-0.8	-1.8	-1.8
199	2014-02-12	14:00	晴		12.1	12.9	9.1	10.5	8.4	6.0	3.4	2.3	1.8	2.5	5.7	5.6
200	2014-02-12	17:00	晴		12.1	13.1	9.7	10.9	5.5	1.4	3.5	2.1	2.5	1.9	1.4	1.7
201	2014-02-13	8:00	晴		12.4	13.4	9.2	9.9	5.58	2.0	3.8	2.7	2.0	0.8	1.4	1.4
202	2014-02-13	17:00	晴		12.9	14.0	11.2	13.1	8.5	3.8	4.4	3.9	4.5	4.4	3.9	4.6
203	2014-02-14	8:00	晴	620	12.8	13.2	9.4	10.1	6.8	9.2	4.0	3.0	2.4	2.9	12.5	6.4
204	2014-02-14	17:00	晴		13.2	14.1	11.3	12.9	9.2	6.2	4.5	4.2	4.9	5.7	6.5	7.1
205	2014-02-15	8:00	晴		13.3	13.5	9.4	10.7	9.5	11.5	3.9	3.4	2.9	4.7	11.1	7.8
206	2014-02-15	14:00	晴		13.5	14.4	12.2	14.3	14.3	12.7	4.9	4.6	6.2	11.5	15.1	13.9
207	2014-02-15	17:00	晴		13.3	14.2	11.4	13.0	9.3	6.3	4.5	4.2	4.9	5.7	6.5	7.1
208	2014-02-16	8:00	晴		13.3	13.5	9.5	10.7	9.6	11.6	4.3	3.4	2.9	4.8	11.0	7.8
209	2014-02-16	14:00	晴		14.3	15.1	12.5	13.9	11.2	9.2	5.5	5.1	5.4	7.7	9.1	9.3
210	2014-02-17	8:00	晴		14.5	15.5	13.0	14.2	10.5	7.7	5.9	5.6	5.9	6.7	7.8	8.2
211	2014-02-17	14:00	晴		14.4	15.1	12.4	12.0	10.1	7.6	5.9	5.3	5.6	6.4	7.1	7.2
212	2014-02-17	17:00	晴		14.4	15.2	12.5	12.0	6.9	3.3	6.1	5.4	5.5	4.0	3.5	4.0
213	2014-02-18	8:00	晴		14.1	14.4	11.2	10.4	9.2	9.0	5.4	4.4	4.1	6.2	10.8	7.9
214	2014-02-18	14:00	晴		14.0	14.5	11.9	11.9	13.9	10.2	5.4	4.8	5.4	10.5	12.4	10.8
215	2014-02-18	17:00	晴		14.4	15.1	12.8	12.3	8.9	5.0	5.9	5.4	5.7	5.3	5.2	5.9
216	2014-02-19	8:00	晴		13.9	14.2	11.4	10.5	8.5	6.1	5.3	4.4	4.1	5.4	5.8	5.6
217	2014-02-19	17:00	晴		13.9	14.4	12.1	11.4	6.6	1.5	5.8	5.0	5.0	3.6	2.1	2.5
218	2014-02-20	8:00	晴		13.7	13.8	10.4	9.4	8.9	12.0	4.4	3.6	3.1	5.2	14.5	8.4
219	2014-02-22	8:00	晴		14.8	15.0	11.9	11.0	10.2	11.9	6.2	5.9	4.9	6.9	12.1	10.2

序号	日期/（年-月-日）	时刻	当日天气	加热电量/(kW·h)	加温区/℃						常温区/℃					
					加温1	加温2	加温3	加温4	加温5	加温6	常温1	常温2	常温3	常温4	常温5	常温6
220	2014-02-22	17：00	晴		15.4	16.2	14.9	15.0	13.8	10.7	7.2	7.0	7.8	9.7	10.8	11.7
221	2014-02-23	8：00	晴		15.1	15.6	13.2	13.1	16.4	18.0	7.0	6.4	6.8	13.8	17.9	16.4
222	2014-02-23	17：00	晴		15.5	16.4	14.8	14.9	13.9	11.1	7.6	7.5	8.2	10.0	11.0	12.0
223	2014-02-24	8：00	晴		15.0	15.8	13.1	12.8	11.5	11.2	7.5	7.1	6.9	8.4	11.1	10.3
224	2014-02-26	8：00	晴		15.4	15.9	12.9	12.1	9.1	6.4	8.4	7.8	7.1	6.4	6.2	6.8
225	2014-02-28	8：00	晴		15.1	15.5	12.5	11.4	6.9	5.0	8.8	8.1	6.9	5.2	5.7	4.1
226	2014-02-28	14：00	晴		15.3	16.2	13.8	11.0	18.2	16.5	8.8	8.3	9.0	14.1	17.2	16.0
227	2014-02-28	17：00	晴		15.5	16.6	14.5	11.2	10.2	6.5	9.2	8.9	8.8	7.9	6.8	7.5
228	2014-02-29	8：00	晴		15.1	15.9	12.9	12.0	8.0	4.7	8.9	8.0	7.4	6.2	5.0	4.8
229	2014-02-29	14：00	晴		15.3	16.0	14.0	11.0	18.2	16.4	8.7	8.3	9.0	14.1	17.0	16.0
230	2014-02-29	17：00	晴		15.4	11.9	15.1	17.1	12.6	8.5	9.3	9.2	9.6	9.9	9.0	9.7
231	2014-03-02	8：00	晴		14.9	15.5	12.2	11.1	5.8	4.2	8.4	7.5	6.4	4.9	8.3	4.0
232	2014-03-02	14：00	晴		15.3	16.1	13.7	11.1	18.2	16.5	8.9	8.4	9.1	14.2	17.2	16.0
233	2014-03-02	17：00	晴		15.4	16.8	15.2	17.2	12.7	8.5	9.5	9.2	9.7	9.8	9.1	9.8
234	2014-03-03	8：00	晴		14.5	15.5	12.9	17.8	16.1	22.4	8.4	7.8	8.2	15.6	28.9	21.0
235	2014-03-03	14：00	晴		15.5	16.5	13.9	11.1	18.2	16.5	8.9	8.4	9.0	14.2	17.3	16.0
236	2014-03-03	17：00	晴		15.6	16.6	14.6	11.3	10.3	6.5	9.3	9.0	8.9	7.9	6.8	6.5
237	2014-03-04	8：00	晴		14.5	15.4	12.1	17.9	5.2	1.8	8.7	7.8	6.5	3.8	3.0	2.0
238	2014-03-05	8：00	晴		14.2	15.4	12.5	11.5	7.5	4.7	8.5	7.8	7.1	5.5	4.9	4.8
239	2014-03-08	8：00	晴		14.3	15.5	13.0	12.2	9.4	8.8	8.4	7.8	7.2	7.2	8.4	8.9
240	2014-03-09	8：00	晴		14.2	14.9	12.7	12.2	11.9	12.9	8.4	7.1	7.4	9.2	13.8	11.6
241	2014-03-10	8：00	晴		14.5	15.4	12.1	17.9	5.2	1.8	8.7	7.8	6.5	3.8	4.0	3.0
242	2014-03-11	8：00	晴		14.6	15.0	12.5	17.6	5.8	2.8	8.6	7.9	6.5	3.9	4.0	3.0
243	2014-03-12	8：00	晴		14.2	14.8	12.7	12.3	11.9	12.9	8.4	7.1	7.4	9.2	13.8	11.6
244	2014-03-13	8：00	晴		14.3	14.8	12.7	12.4	11.9	13.0	8.5	7.2	7.4	9.2	13.0	11.6
245	2014-03-14	8：00	晴		14.3	14.8	12.7	12.5	11.9	13.0	8.6	7.2	7.4	9.2	13.0	11.6
246	2014-03-15	8：00	晴		14.6	14.9	13.0	13.5	12.9	13.3	8.7	7.4	7.6	9.8	13.3	11.8

附录C

2013—2014年冬季草坪实验温度取算数平均值后的数据表

日期/	平均值项/℃											
（年-月-日）	加温1	加温2	加温3	加温4	加温5	加温6	常温1	常温2	常温3	常温4	常温5	常温6
2013-11-27	16.50	12.50	7.57	10.10	3.63	1.23	17.50	9.77	6.33	8.13	2.43	3.57
2013-11-28	18.20	14.10	8.67	11.37	3.33	0.40	16.07	14.27	6.63	5.60	1.27	1.67
2013-11-29	13.17	14.53	9.70	12.73	7.93	8.10	11.80	11.80	5.87	7.13	9.57	11.33
2013-11-30	13.90	16.17	11.50	14.27	6.97	8.47	11.50	9.97	6.37	6.03	5.73	6.47
2013-12-01	14.03	16.27	11.70	14.33	8.20	5.27	10.97	10.40	6.13	5.73	5.37	6.30
2013-12-02	14.37	15.90	11.63	14.77	9.50	8.47	11.57	10.40	6.30	7.27	8.03	10.60
2013-12-03	14.90	16.53	13.17	15.43	9.03	8.80	11.93	10.97	6.90	6.97	6.70	8.77
2013-12-04	15.97	18.10	14.23	15.37	10.13	9.70	14.60	12.53	9.30	9.80	7.70	9.30
2013-12-05	19.63	15.07	12.20	13.70	7.57	3.10	14.60	9.37	7.93	7.67	6.80	7.00
2013-12-06	13.97	13.90	11.53	13.03	10.37	5.10	9.27	7.40	6.43	5.80	4.70	5.73
2013-12-07	13.93	13.77	11.90	13.43	11.40	6.33	10.13	6.87	6.47	6.53	6.20	6.97
2013-12-08	14.10	13.60	12.25	13.05	9.40	3.30	9.40	6.90	6.30	5.30	3.85	3.55
2013-12-09	14.03	13.43	11.63	12.37	7.63	3.50	8.73	6.57	6.03	4.03	3.33	2.63
2013-12-10	13.57	12.77	11.83	11.23	8.10	3.93	9.93	6.27	5.00	4.13	5.27	6.53
2013-12-11	13.57	12.90	11.50	10.70	7.03	1.90	6.93	5.50	4.33	2.97	2.13	3.03
2013-12-12	13.63	13.37	11.53	10.90	7.07	1.43	6.70	5.30	4.40	2.80	2.00	2.57
2013-12-13	13.27	13.63	10.80	10.17	6.60	0.40	6.07	4.37	3.57	2.30	1.07	1.37
2013-12-15	13.50	13.63	11.20	10.87	9.40	3.93	2.20	4.80	4.07	3.63	2.40	1.50
2013-12-16	13.33	13.47	11.30	10.93	9.03	3.50	5.77	4.03	3.87	3.13	4.10	4.23
2013-12-17	13.30	14.50	10.40	9.90	6.30	0.40	5.80	4.10	3.30	1.00	0.10	0.70
2013-12-18	10.43	11.73	8.80	8.60	7.57	2.70	5.90	4.37	3.97	3.43	3.03	2.97
2013-12-19	12.43	13.33	10.07	9.13	4.77	-2.13	5.77	4.37	3.83	1.53	-1.20	-1.03

日期/(年-月-日)	平均值项/℃											
	加温1	加温2	加温3	加温4	加温5	加温6	常温1	常温2	常温3	常温4	常温5	常温6
2013-12-20	11.23	11.33	6.97	7.23	4.10	-3.03	4.53	2.67	1.73	3.60	-2.00	-2.23
2013-12-21	11.40	11.13	6.93	7.03	5.27	-2.33	4.37	2.33	1.37	0.30	-1.53	-1.43
2013-12-22	11.53	11.23	7.63	7.80	6.60	1.03	4.17	2.17	1.37	1.23	0.17	0.83
2013-12-23	11.63	11.70	7.87	7.93	6.93	0.03	4.13	2.17	1.50	1.27	0.43	0.77
2013-12-24	11.77	13.37	8.50	8.13	7.10	0.30	4.13	2.17	1.60	1.53	0.50	0.83
2013-12-25	11.90	13.63	8.63	8.77	7.30	1.07	4.27	2.27	1.97	2.17	1.13	1.63
2013-12-26	11.60	13.33	7.57	6.93	2.67	-3.97	4.13	2.17	1.27	-0.13	-2.73	-2.80
2013-12-27	11.27	12.87	7.23	6.47	2.73	-2.07	3.90	1.80	0.97	0.10	-1.37	-0.80
2013-12-28	10.87	12.80	6.90	6.23	3.33	-2.97	3.83	1.53	0.70	-0.20	-0.67	-1.83
2013-12-29	10.80	12.60	6.20	5.20	3.20	-0.60	3.70	1.50	0.60	-0.90	-1.20	0.30
2013-12-30	11.13	13.23	7.67	7.33	8.10	5.60	3.83	1.63	1.43	2.67	5.30	7.50
2013-12-31	11.27	14.03	8.57	8.20	9.60	6.93	4.07	2.00	2.23	3.60	6.23	8.07
2014-01-01	11.80	15.27	9.43	8.97	10.27	6.50	4.30	2.43	2.87	4.13	6.23	7.70
2014-01-02	12.07	15.50	9.90	9.70	12.80	10.43	4.50	2.73	3.43	5.60	9.87	11.07
2014-01-03	12.80	16.57	10.73	10.63	10.13	4.77	5.17	3.50	3.90	4.30	5.00	5.50
2014-01-04	12.60	15.95	9.85	9.45	7.80	5.55	5.05	3.15	3.45	2.45	2.10	2.30
2014-01-05	12.57	15.53	9.93	9.90	9.97	3.53	5.10	3.17	3.57	3.90	4.07	4.10
2014-01-06	12.45	15.40	9.65	9.20	7.30	-0.60	5.15	3.10	2.95	1.45	-0.25	-0.20
2014-01-07	12.40	15.27	10.20	10.47	10.00	4.20	5.50	3.53	3.97	4.07	4.20	4.50
2014-01-08	12.47	14.87	9.97	9.73	8.10	1.50	5.47	3.60	3.60	2.47	1.83	2.10
2014-01-09	12.00	13.60	8.70	8.07	4.37	-2.03	5.10	2.80	2.23	0.87	-0.50	-0.50
2014-01-10	11.50	12.50	7.90	6.60	3.30	-3.10	4.80	2.40	1.50	-1.20	-2.40	-2.90
2014-01-11	11.73	12.83	9.17	8.97	10.10	5.03	4.70	2.73	3.07	3.90	5.77	5.90
2014-01-12	11.67	12.50	8.97	8.53	6.63	-0.90	5.03	2.90	2.63	1.03	-0.37	-0.27
2014-01-13	11.35	11.80	8.15	7.50	2.90	-5.40	4.70	2.30	1.90	-1.40	-4.50	-4.30
2014-01-14	12.85	11.85	8.60	8.60	8.80	3.30	4.75	2.45	2.60	3.50	4.40	3.55
2014-01-15	11.60	12.00	9.10	9.03	7.93	2.30	4.90	2.57	2.80	3.30	3.60	3.87
2014-01-16	12.07	12.40	9.67	9.77	10.07	5.97	6.23	3.20	3.70	5.00	6.77	6.77
2014-01-17	12.05	12.20	9.10	8.65	5.00	-0.85	7.15	3.00	2.80	1.15	-0.30	-0.20
2014-01-18	11.73	11.77	9.07	9.03	8.77	4.57	7.00	2.67	3.00	4.00	5.27	4.57
2014-01-19	11.73	12.07	9.47	9.00	8.57	4.93	7.07	2.90	3.40	3.87	5.10	5.83
2014-01-20	11.93	12.10	9.27	8.67	10.90	8.30	7.37	3.07	3.50	5.90	10.30	9.00
2014-01-21	11.70	11.63	8.83	7.97	5.23	1.93	7.27	2.60	3.30	3.63	5.53	4.07
2014-01-22	11.73	11.73	9.30	8.70	11.70	8.60	7.00	2.80	3.20	6.13	9.97	10.07
2014-01-23	12.00	12.10	8.90	7.50	5.80	0.40	7.00	2.80	1.90	0.80	1.00	1.00
2014-01-24	12.55	12.90	10.30	9.95	10.15	6.00	7.25	4.00	3.90	4.80	5.70	6.40
2014-01-25	12.73	13.23	10.87	10.60	9.83	5.20	7.47	4.80	4.90	6.73	7.30	6.87
2014-01-26	12.43	12.83	10.20	9.40	6.00	0.57	7.17	4.60	4.07	2.07	0.97	1.70
2014-01-27	12.43	12.70	10.60	10.63	14.00	12.03	7.17	5.03	5.50	8.73	12.17	12.13
2014-01-28	13.93	14.33	11.70	11.67	12.53	8.30	7.10	5.33	5.43	4.27	8.83	8.40
2014-01-29	14.23	14.73	12.33	12.30	13.30	10.90	7.13	5.43	5.70	8.70	11.30	11.27
2014-01-30	13.37	14.87	12.50	12.40	12.07	8.17	8.07	5.80	5.73	7.20	7.93	8.47

日期/ （年-月-日）	平均值项/℃											
	加温1	加温2	加温3	加温4	加温5	加温6	常温1	常温2	常温3	常温4	常温5	常温6
2014-02-01	11.13	14.80	12.27	11.87	7.67	2.37	7.20	6.03	5.53	4.53	3.27	2.97
2014-02-02	11.20	14.90	12.40	12.10	7.90	3.10	6.60	6.10	5.60	4.50	3.40	3.50
2014-02-03	14.73	15.20	12.20	14.10	7.10	2.77	6.93	6.07	5.53	3.43	2.10	2.53
2014-02-04	14.10	16.00	10.30	11.20	2.50	−1.10	5.60	4.50	3.20	−0.70	−1.20	−0.80
2014-02-05	13.50	15.70	10.80	12.10	5.10	0.30	5.20	4.30	3.80	2.70	1.50	0.60
2014-02-06	16.90	16.05	10.80	12.45	4.80	−1.35	5.35	4.60	4.05	1.65	−0.75	−0.90
2014-02-07	13.40	15.15	10.35	12.20	4.70	−1.95	5.10	4.65	3.60	1.95	−0.90	−1.35
2014-02-08	12.55	14.30	10.00	12.05	7.60	5.05	4.80	4.05	3.60	2.65	2.35	3.60
2014-02-09	11.80	13.85	9.50	10.50	2.40	−0.65	4.45	3.20	2.90	0.05	−1.40	−2.15
2014-02-10	12.10	12.50	8.35	9.40	5.45	10.20	3.70	2.50	1.75	2.50	10.65	4.45
2014-02-11	12.10	12.80	7.90	7.90	0.70	5.60	3.50	2.20	1.20	−0.20	8.60	0.90
2014-02-12	12.13	12.93	9.00	9.97	5.57	1.83	3.47	2.27	1.83	1.20	1.77	1.83
2014-02-13	12.65	13.70	10.20	11.50	7.04	2.90	4.10	3.30	3.25	2.60	2.65	3.00
2014-02-14	13.00	13.65	10.35	11.50	8.00	7.70	4.25	3.60	3.65	4.30	9.50	6.75
2014-02-15	13.37	14.03	11.00	12.67	11.03	10.17	4.57	4.07	4.67	7.30	10.90	9.60
2014-02-16	13.80	14.30	11.00	12.30	10.40	10.40	4.90	4.25	4.15	6.25	10.05	8.55
2014-02-17	14.43	15.27	12.63	12.73	9.17	6.20	5.97	5.43	5.67	5.70	6.13	6.47
2014-02-18	14.17	14.67	11.97	11.53	10.67	8.07	5.57	4.87	5.07	7.33	9.47	8.20
2014-02-19	13.90	14.30	11.75	10.95	7.55	3.80	5.55	4.70	4.55	4.50	3.95	4.05
2014-02-20	13.70	13.80	10.40	9.40	8.90	12.00	4.40	3.60	3.10	5.20	14.50	8.40
2014-02-22	15.10	15.60	13.40	13.00	12.00	11.30	6.70	6.45	6.35	8.30	11.45	10.95
2014-02-23	15.30	16.00	14.00	14.00	15.15	14.55	7.30	6.95	7.50	11.90	14.45	14.20
2014-02-24	15.00	15.80	13.10	12.80	11.50	11.20	7.50	7.10	6.90	8.40	11.10	10.30
2014-02-26	15.40	15.90	12.90	12.10	9.10	6.40	8.40	7.80	7.10	6.40	6.20	6.80
2014-02-28	15.30	16.10	13.60	11.20	11.77	9.33	8.93	8.43	8.23	9.07	9.90	9.20
2014-03-01	15.27	14.60	14.00	13.37	12.93	9.87	8.97	8.50	8.67	10.07	10.33	10.17
2014-03-02	15.20	16.13	13.70	13.13	12.23	9.73	8.93	8.37	8.40	9.63	11.53	9.93
2014-03-03	15.20	16.20	13.80	13.40	14.87	15.13	8.87	8.40	8.70	12.57	17.67	14.83
2014-03-04	14.50	15.40	12.10	17.90	5.20	1.80	8.70	7.80	6.50	3.80	3.00	2.00
2014-03-05	14.20	15.40	12.50	11.50	7.50	4.70	8.50	7.80	7.10	5.50	4.90	4.80
2014-03-08	14.30	15.50	13.00	12.20	9.40	8.80	8.40	7.80	7.20	7.20	8.40	8.90
2014-03-09	14.20	14.90	12.70	12.20	11.90	12.90	8.40	7.10	7.40	9.20	13.80	11.60
2014-03-10	14.50	15.40	12.10	17.90	5.20	1.80	8.70	7.80	6.50	3.80	4.00	3.00
2014-03-11	14.60	15.00	12.50	17.60	5.80	2.80	8.60	7.90	6.50	3.90	4.00	3.00
2014-03-12	14.20	14.80	12.70	12.30	11.90	12.90	8.40	7.10	7.40	9.20	13.80	11.60
2014-03-13	14.30	14.80	12.70	12.40	11.90	13.00	8.50	7.20	7.40	9.20	13.00	11.60
2014-03-14	14.30	14.80	12.70	12.50	11.90	13.00	8.60	7.20	7.40	9.20	13.00	11.60
2014-03-15	14.60	14.90	13.00	13.50	12.90	13.30	8.70	7.40	7.60	9.80	13.30	11.80
平均	13.15	13.95	10.43	10.69	8.28	4.44	6.88	5.03	4.37	4.47	4.87	4.86

参考文献

[1] 曾建平.自然之思：西方生态伦理思想探究 [M].北京：中国社会科学出版社，2004.

[2] 陈敏豪.生态文化与文明前景 [M].武汉：武汉出版社，1997.

[3] 世界环境与发展委员会.我们共同的未来 [M].北京：世界知识出版社，1989.

[4] 刘茂松，张明娟.景观生态学：原理与方法 [M].北京：化学工业出版社，2004.

[5] 俞孔坚.景观：文化、生态与感知 [M].北京：科学出版社，2000.

[6] 徐恒醇.生态美学 [M].西安：陕西人民教育出版社，2000.

[7] 初冬，董雅.集成通变：从艺术和设计的同构性看广义设计观 [J].天津大学学报：社会科学版，2011，13（5）：425–428.

[8] 刘德明.寒地城市公共空间环境设计研究 [D].哈尔滨：哈尔滨工业大学，1998.

[9] 吴松涛，贾梦宇.寒地城市设计对策简析 [J].低温建筑技术，2001，83（1）：12–13.

[10] 马青，梁晓燕，田晓宇.基于马斯洛理论对寒地休闲广场设计的

思考 [J]. 沈阳建筑大学学报：社会科学版，2009（3）：155-158.

[11] 李佳艺 . 寒冷地区城市公共空间设计理念 [J]. 吉林建筑工程学院学报，2002（4）.

[12] 刘振林，马海慧，戴思兰 . 北方园林中冬季植物景观的表现 [J]. 河北林业科技，2003（3）：47-48.

[13] 杨德威 . 寒地城市居住区冬季植物景观探讨 [J]. 内蒙古林业调查设计，2005，28（3）：49-51.

[14] 余湘雯 . 北方城市绿地冬季景观研究 [D]. 北京：北京林业大学，2011.

[15] 谢慧聪 . 北方地区人工水体景观设计研究 [D]. 大连：大连理工大学，2012.

[16] 冷红，袁青 . 国际寒地城市运动回顾及展望 [J]. 城市规划汇刊，2008，148（6）.

[17] 于冰沁 . 寻踪：生态主义思想在西方近现代风景园林中的产生发展与实践 [D]. 北京：北京林业大学，2012.

[18] 贾秉玺，孙明 . 基于景观生态学的可持续景观设计 [J]. 现代园林，2010（3）：29-31.

[19] 吴抒玲 . 从暴力景观到自在景观：关于景观设计之路的思考 [J]. 艺术探索，2013（2）：103.

[20] 王平建 . 城市绿地生态理论建设与实证研究：以上海市为例 [D]. 上海：复旦大学，2005.

[21] 路毅 . 城市滨水区景观规划设计理论及应用研究 [D]. 哈尔滨：东北林业大学，2007.

[22] 王思元 . 城市边缘区绿色空间的景观生态规划设计研究 [D]. 北京：北京林业大学，2012.

[23] 杨鑫 . 地域性景观设计理论研究 [D]. 北京：北京林业大学，2009.

[24] 陈宇 . 城市街道景观设计文化研究 [D]. 南京：东南大学，2006.

[25] 余洋 . 景观体验研究 [D]. 哈尔滨：哈尔滨工业大学，2010.

[26] 金晓雯 . 生态知觉理论在景观设计中的应用 [J]. 南京林业大学学

报：人文社会科学版，2010（4）：106–109.

[27] 杨天人，李文敏，余伟超，等.创新实验计划项目的实践与体会：以"现代景观设计在建筑节能与生态上的应用"为例 [J]. 创新与创业教育，2012（3）：110–112.

[28] 苏浩然，王玉芬，李丽娜.哈尔滨市某垃圾填埋场可持续景观设计 [J]. 价值工程，2011（6）：37–39.

[29] 赖雪，王熠莹.材料的创新在现代景观设计中的应用 [J]. 现代园艺，2012（6）：140.

[30] 尹希达.基于低技术的可持续性景观设计 [C]// 中国风景园林学会 2010 年会论文集：下册.北京：中国建筑工业出版社，2010：637–639.

[31] 刘雪利.城市景观中低技术雨水收集系统的应用性研究 [D].武汉：武汉理工大学，2012.

[32] 于晶晶.废弃物在低技术环境设施中的再设计利用研究 [D].上海：东华大学，2010.

[33] 张蕴.浅谈生物微气候与空调技术 [J].上海建设科技，2004（6）.

[34] 王修信，胡玉梅，刘馨，等.城市草地的小气候调节作用初步研究 [J].广西师范大学学报：自然科学版，2007（3）.

[35] 陈宏，李保峰，周雪帆.水体对城市微气候调节作用研究：以武汉为例 [J].建筑科技，2011（22）.

[36] 祖丰.小区风场对建筑微气候的影响 [J].科技创新与应用，2014（4）.

[37] 刘玉石.城市大气微环境大涡模拟研究 [D].北京：清华大学，2012.

[38] 李爱琴.室内微环境生态平衡与人体健康关系初探 [J].平原大学学报，2005（1）.

[39] 刘书田，王春红，赵志强，等.室内微环境污染与人体健康 [J].中国辐射卫生，2010（3）.

[40] 谢宜，葛文兰.基于 BIM 技术的城市规划微环境生态模拟与评估 [J].土木建筑工程信息技术，2010（3）.

[41] 李積，黄娟，姜磊，等．人工湿地植物根系分泌物与根系为环境相关性的研究进展 [J]．安全与环境学报，2012（5）．

[42] 卜义惠，袁琳，杜春山，等．基于微环境生化机理的城市污水升级处理设计方案 [J]．中国给水排水，2012（14）．

[43] 王世荣．微生态学研究概况及其应用前景 [J]．中国微生态学杂志，2013，28（5）：617．

[44] 蔡子微，康白．论微生态学的逻辑起点 [J]．中国微生态学杂志，2013，25（2）：211．

[45] 晁敏，王仁卿，姚红艳．微生态系统研究动态 [J]．植物学通报，1999（6）．

[46] 张倩影．绿色建筑全生命周期评价研究 [D]．天津：天津理工大学，2008．

[47] 周佳．生态住宅全生命周期成本书 [D]．哈尔滨：哈尔滨工业大学，2007．

[48] 阿伦·奈斯．肤浅的生态运动与深层长远的生态运动：一个总结 [J]．研究，1987（16）．

[49] 曾繁仁．生态存在论美学论稿 [M]．长春：吉林人民出版社，2003．

[50] 曾繁仁．生态美学：后现代语境下崭新的生态存在论美学观 [J]．陕西师范大学学报：哲学社会科学版，2002（3）：5．

[51] 郭熙．林泉高致集·山川训 [M]// 于安澜．画论丛刊：上卷．香港：中华书局，1977．

[52] 董雅，赵伟．以敞开的视界设计：论广义设计学的必要性与实在性 [J]．天津大学学报：社会科学版，2011（2）：129-132．

[53] 陈纪凯．适应性城市设计：一种实效的城市设计理论及应用 [M]．北京：中国建筑工业出版社，2005：41．

[54] 温祥珍．设施农业生产系统的研究：非对称连跨式节能温室的结构、性能与应用研究 [D]．晋中：山西农业大学，2002．

[55] 黎虎．汉唐饮食文化史 [M]．北京：北京师范大学出版社，1998．

[56] 张福墁．设施园艺学 [M]．北京：中国农业大学出版社，2003．

[57] 佚名.土面增温剂的制造和应用 [J].农业科技通讯，1976（Z1）：55–56.

[58] 何人可，唐啸，黄晶慧.基于低技术的可持续设计 [J].装饰，2009（8）：29.

[59] 韩阳，李雪梅，朱延姝.环境污染与植物功能 [M].北京：化学工业出版社，2005.

[60] 李先亭，石文星.人工环境学 [M].北京：中国建筑工业出版社，2006.

[61] 冷平生.园林生态学 [M].北京：中国农业出版社，2003.

[62] 孙文松,李玲.我国草坪发展现状及前景 [J].北方园艺,2001（4）：23.

[63] 陈烟，王红林，方利国.能源概论 [M].北京：化学工业出版社，2009.

[64] 廖亮，白化.能源与未来 [M].北京：北京邮电大学出版社，2011.

[65] 李全林.新能源与可再生能源 [M].南京：东南大学出版社，2008.

[66] 苏亚欣，毛玉如，赵敬德.新能源与可再生能源概论 [M].北京：化学工业出版社，2006.

[67] 马栩泉.核能开发与应用 [M].北京：化学工业出版社，2005.

[68] 李方正.新能源 [M].北京：化学工业出版社，2007.

[69] 张建安，刘德华.生物质能利用技术 [M].北京:化学工业出版社，2009.

[70] 沈剑山.生物质能沼气发电 [M].北京：中国轻工业出版社，2009.

[71] Trevor M. Letcher.未来能源：对我们地球更佳的、可持续的和无污染的方案 [M].潘庭龙，吴定会，沈艳霞，译.北京：机械工业出版社，2011.

[72] 左然，施明恒，王希麟.可再生能源概论 [M].北京：机械工业出版社，2007.

[73] 王革华.新能源概论 [M].北京：化学工业出版社，2006.

[74] 邢运民，陶永红. 现代能源与发电技术 [M]. 西安：西安电子科技大学出版社，2007.

[75] 武宝玕，韩博平. 环境与人类 [M]. 北京：电子工业出版社，2004.

[76] 黄素逸，杜一庆，明廷臻. 新能源技术 [M]. 北京：中国电力出版社，2011.

[77] 田廷山，李明朗. 中国地热资源及开发利用 [M]. 北京：中国环境科学出版社，2006.

[78] 曾和义，刁乃仁，方肇洪. 竖直埋管地热换热器钻孔内的传热分析 [J]. 太阳能学报，2004，25（3）.

[79] 郑平，马贵阳，龚智力，等. 埋地管道周围温度场数值模拟的研究现状及趋势 [J]. 管道与技术设备，2006（2）：10.

[80] 周模仁. 流体力学与泵与风机 [M]. 3 版. 北京：中国建筑工业出版社，1994.

[81] 杨世铭，陶文全. 传热学 [M]. 3 版. 北京：高等教育出版社，1998.

[82] 孙吉雄. 草坪学 [M]. 北京：中国农业出版社，1995.

[83] 刘自学，陈光耀. 城市草坪绿地与人类保健 [J]. 草业科学，2004，21（5）：80–81.

[84] 安文杰. 北方城市露天花木的冬季养护技术 [J]. 农业技术装备，2009，180（12B）.

[85] 张希. 北方城市绿化工程的施工及养护 [J]. 现代园艺，2012（4）.

[86] 王秋燕，王泽星. 草坪在北方城市园林绿化中的应用 [J]. 内蒙古林业，2006（1）.

[87] 邓天宏，王国安，焦建丽，等. 草温、0cm 地温、气温间变化规律分析 [J]. 气象与环境科学，2009，32（4）：47–50.

[88] 迟远英. 基于低碳经济视角的中国风电产业发展研究 [D]. 长春：吉林大学，2008.

[89] 高青，余传辉，马纯强，等. 地下土壤导热系数确定中影响因素分析 [J]. 太阳能学报，2008，29（5）：583.

[90] 李承轩，赵书彬.东北城市居住区冬季水景设计研究：以辽宁营口市"河岸人家"小区水景设计为例 [J].安徽农业科学，2012，40（4）.

[91] 陆渝蓉.地球水环境学 [M].南京：南京大学出版社，1999：40–41.

[92] 齐柠.北方城市滨水区景观设计对策 [J].现代园艺，2011（19）.

[93] 贝塔朗菲.一般系统论:基础、发展和应用 [M].林康义，魏宏森，译.北京：清华大学出版社，1985.

[94] 曾建平.自然之思：西方生态伦理思想探究 [M].北京：中国社会科学出版社，2004.

[95] 顾基发.系统科学、系统工程和体系的发展 [J].系统工程理论与实践，2008（6）：10–18.

[96] 阿诺德·柏林特.环境与艺术：环境美学的多维视角 [M].刘悦迪，等译.重庆：重庆出版社，2007.

[97] 奥野翔.森林都市 [M].姜忠莲，李贺谦，译.北京：中国环境科学出版社，2009.

[98] 马光.环境与可持续发展导论 [M].北京：科学出版社，2006.

[99] 克利夫·芒福汀.绿色尺度 [M].陈贞，高文艳，译.北京：中国建筑工业出版社，2006.

[100] 岳友熙.环境生态美学 [M].北京：人民出版社，2007.

[101] 高志亮，李忠良.系统工程方法论 [M].西安：西北工业大学出版社，2004：86–88.

[102] 刘易斯·芒福德.城市发展史：起源、演变和前景 [M].宋俊岭，倪文彦，译.北京：中国建筑工业出版社，2005.

致　谢

　　本论文的工作是在我的导师董雅教授的悉心指导下完成的，董雅教授严谨的治学态度和科学的工作方法给了我极大的帮助和影响。在此衷心感谢三年来董雅老师对我的关心和指导。

　　董雅教授悉心指导我们完成了科研工作，在学习上和生活上都给予了我很大的关心和帮助，在此向董雅老师表示衷心的谢意。

　　董雅教授对于我的科研工作和论文都提出了许多的宝贵意见，在此表示衷心的感谢。

　　在实验室工作及撰写论文期间，刘启明、张礼敏、杨涛等同学对我论文中的景观设计及景观文脉研究工作给予了热情帮助，在此向他们表达我的感激之情。

　　另外也感谢家人，他们的理解和支持使我能够在学校专心完成我的学业。

于洪涛

2017 年春